Propostas
metodológicas
para o ensino
de Matemática

O selo DIALÓGICA da Editora InterSaberes faz referência às publicações que privilegiam uma linguagem na qual o autor dialoga com o leitor por meio de recursos textuais e visuais, o que torna o conteúdo muito mais dinâmico. São livros que criam um ambiente de interação com o leitor – seu universo cultural, social e de elaboração de conhecimentos –, possibilitando um real processo de interlocução para que a comunicação se efetive.

Maurício de Oliveira Munhoz

Propostas metodológicas para o ensino de Matemática

Informamos que é de inteira responsabilidade do autor a emissão de conceitos.
Nenhuma parte desta publicação poderá ser reproduzida por qualquer meio ou forma sem a prévia autorização da Editora InterSaberes.
A violação dos direitos autorais é crime estabelecido na Lei n. 9.610/1998 e punido pelo art. 184 do Código.
Foi feito o depósito legal.
1ª edição, 2013.

Lindsay Azambuja
EDITORA-CHEFE

Ariadne Nunes Wenger
SUPERVISORA EDITORIAL

Ariel Martins
ANALISTA EDITORIAL

Denis Kaio Tanaami
CAPA

Karen Giraldi – Estúdio Leite Quente
ILUSTRAÇÃO DA CAPA

Raphael Bernadelli
PROJETO GRÁFICO

Regiane Rosa
ADAPTAÇÃO DE PROJETO GRÁFICO

Danielle Scholtz
ICONOGRAFIA

Dados internacionais de Catalogação na Publicação (CIP)
(Câmara Brasileira do Livro, SP, Brasil)

Munhoz, Maurício de Oliveira
Propostas metodológicas para o ensino de matemática/Maurício de Oliveira Munhoz. – Curitiba: InterSaberes, 2013. – (Série Metodologias).

Bibliografia
ISBN 978-85-8212-377-5

1. Matemática 2. Matemática – Estudo e ensino 3. Professores – Formação I. Título. II. Série.

12-09071   CDD-510.7

Índices para catálogo sistemático:
1. Matemática: Estudo e ensino   510.7

Rua Clara Vendramin, 58
Mossunguê . CEP 81200-170
Curitiba . PR . Brasil
Fone: (41) 2106-4170
www.intersaberes.com.br
editora@editoraintersaberes.com.br

CONSELHO EDITORIAL
Dr. Ivo José Both (presidente)
Drª. Elena Godoy
Dr. Nelson Luís Dias
Dr. Neri dos Santos
Dr. Ulf Gregor Baranow

Apresentação, xi

Organização didático-pedagógica, xv

Introdução, xix

um
Concepções de conhecimento matemático relacionadas ao ensino e aspectos da história da matemática, 22

1.1 Atuação do educador, 24

1.2 Concepções de conhecimento matemático relacionadas ao ensino, 35

dois
Princípios da organização do ensino em Matemática, 58

2.1 Competências e habilidades do currículo do curso de graduação em Matemática, 60

2.2 Princípios e fundamentos metodológicos, 62

2.3 Objetivos gerais da disciplina, 65

2.4 Diretrizes curriculares do ensino da Matemática, 66

2.5 Conhecimentos aritméticos, 68

2.6 Desenvolvendo os princípios fundamentais da aritmética, 71

2.7 Desenvolvendo a aritmética com os números naturais, 75

2.8 Múltiplos e divisores de números naturais, 85

2.9 Critérios de divisibilidade, 86

2.10 Frações, 87

2.11 Frações e números decimais, 90

2.12 Números inteiros, 94

2.13 Números racionais, irracionais e reais, 97

três
Sistematização dos conhecimentos matemáticos, 108

3.1 Os conhecimentos da álgebra, 110

3.2 Os conhecimentos da geometria, 129

3.3 Os conhecimentos das medidas, 144

3.4 Os conhecimentos estatísticos e probabilísticos, 153

quatro
Novas possibilidades educativas e conteúdos do ensino da Matemática na educação infantil e nos anos iniciais do ensino fundamental, 170

4.1 Novas possibilidades educativas, 172

4.2 Matemática na educação infantil, 197

4.3 Matemática nos anos iniciais do ensino fundamental, 202

Considerações finais, 215

Glossário, 219

Referências, 221

Bibliografia comentada, 227

Apêndices, 231

Respostas, 251

Sobre o autor, 257

Este livro é dedicado às pessoas que mais incentivam o meu trabalho, que são meus pais, Alcides e Sirlei, e minha esposa, Julieta. Dedico a obra também aos meus filhos, Matheus, Júlia e Larissa.

apresentação...

Neste livro, trato da metodologia do ensino da Matemática no ensino fundamental, retratando a visão que construí, desde 1995, trabalhando com crianças, jovens e adultos.

A Matemática é uma disciplina apaixonante; dos professores, temos aquela lembrança de terem raciocínio rápido, serem metódicos, realizarem diversas avaliações, serem objetivos e de se preocuparem com o aprendizado.

Depois de passar, durante alguns anos, participando de cursos de capacitação, reuniões pedagógicas, conselhos de classe, reuniões com pais, trabalhos como voluntário em cursos preparatórios na condição de elaborador de apostilas e produtor de *blogs* pedagógicos, ponderando, experimentando, estudando variadas metodologias aplicadas ao ensino, apresento as páginas a seguir, que são um retrato da minha visão de mundo, a qual se apoia nas bibliografias referenciadas no final do livro.

Muitas vezes não nos damos conta da experiência que adquirimos durante a nossa trajetória em sala de aula. Além da melhoria didática que a vivência e a repetição nos proporcionam, verificamos que as correntes pedagógicas que outrora faziam parte apenas das teorias pedagógicas estão enraizadas nos nossos discursos e práticas.

A experiência de poder construir uma obra literária relatando a própria vivência profissional é extremamente importante, pois, além de contribuir com a formação de futuros educadores, abre um canal de discussão prática em relação ao ensino-aprendizagem.

> Dialogar sobre a metodologia de ensino é um importante instrumento de construção do saber. Possibilita a reflexão sobre a prática e o desenvolvimento de conceitos e encaminhamentos metodológicos.

Apresento nesta obra a relação entre alguns conteúdos e metodologias de ensino da Matemática no ensino fundamental e as novas possibilidades que a contemporaneidade proporciona pela inserção da tecnologia na sociedade atual. Utilizo como base para construção do livro a minha experiência, o contexto histórico atual, a fundamentação teórica e a apresentação de alguns planos de aula.

Boa leitura.

organização didático-pedagógica

Esta seção tem a finalidade de apresentar os recursos de aprendizagem utilizados no decorrer da obra, de modo a evidenciar os aspectos didático-pedagógicos que nortearam o planejamento do material e como o aluno/leitor pode tirar o melhor proveito dos conteúdos para seu aprendizado.

Introdução do capítulo

Logo na abertura do capítulo, você é informado a respeito dos conteúdos que nele serão abordados, bem como dos objetivos que o autor pretende alcançar.

Síntese

Você conta, nesta seção, com um recurso que o instigará a fazer uma reflexão sobre os conteúdos estudados, de modo a contribuir para que as conclusões a que você chegou sejam reafirmadas ou redefinidas.

Indicações culturais

Ao final do capítulo, o autor lhe oferece algumas indicações de livros, filmes ou sites que podem ajudá-lo a refletir sobre os conteúdos estudados e permitir o aprofundamento em seu processo de aprendizagem.

Atividades de autoavaliação

Com estas questões objetivas, você tem a oportunidade de verificar o grau de assimilação dos conceitos examinados, motivando-se a progredir em seus estudos e a preparar-se para outras atividades avaliativas.

Atividades de aprendizagem

Aqui você dispõe de questões cujo objetivo é levá-lo a analisar criticamente um determinado assunto e aproximar conhecimentos teóricos e práticos.

Bibliografia comentada

Nesta seção, você encontra comentários acerca de algumas obras de referência para o estudo dos temas examinados.

Importante

Algumas das informações mais importantes da obra aparecem nestes boxes. Aproveite para fazer sua própria reflexão sobre os conteúdos apresentados.

Pense a respeito

Aqui você encontra reflexões que fazem um convite à leitura, acompanhadas de uma análise sobre o assunto.

introdução...

Sempre que recebemos estagiários para as aulas de Matemática, verificamos algumas dificuldades que também faziam parte da nossa história como educadores no início da profissão.

Um profissional da educação deve estudar todas as relações, as estruturas, os conflitos, os interesses e os conceitos que regem o sistema educacional. Quando estamos em sala, temos de nos dar conta de que estamos ensinando, e esse ensino vem de um preparo construído nos estudos de graduação, especializações, capacitações. É por isso que todo o processo de ensino-aprendizagem precisa ser rigorosamente estudado para ser aplicado. Quando estamos inseridos nesse conceito, podemos assim dizer que somos profissionais da educação.

Vamos apresentar neste livro de metodologia do ensino de Matemática um caminho teórico e prático de como direcionar o aprendizado utilizando diversas estratégias de ensino. Focamos nosso estudo no ensino fundamental em seu segundo ciclo – do 6º ao 9º ano –, porém as relações de competência e habilidade podem ser direcionadas aos outros ciclos de ensino.

Iniciaremos a construção do livro não diretamente pela metodologia, pois há vários fatores que podem interferir na produção e construção dos encaminhamentos metodológicos. Com base nessa reflexão, iniciaremos a obra pelas relações inerentes à profissão, ou seja, aquelas que são apresentadas como parte integrante da atuação do professor, que vão desde o projeto político-pedagógico (PPP) da escola até os recursos didáticos disponíveis. Dialogaremos em relação às concepções de conhecimento ligadas ao ensino da Matemática e aos aspectos mais importantes na abordagem da história da disciplina.

Em um segundo momento, é hora de trabalharmos conhecimentos matemáticos organizados, que são os aritméticos, os algébricos, os geométricos, os métricos, os estatísticos e os probabilísticos. Por meio de referências bibliográficas e da nossa experiência em sala, desenvolveremos alguns princípios de aprendizagem e encaminhamentos metodológicos passíveis de aplicação. Nos capítulos do livro disponibilizamos planos de aulas, em face de uma análise que fizemos em alguns livros de metodologia, nos quais constatamos uma carência desse recurso. Logo, um dos aspectos contemplados na produção deste livro foi disponibilizar para o leitor essa demanda.

Finalizamos este livro com alguns conteúdos trabalhados na educação infantil e nos anos iniciais do ensino fundamental e com novas possibilidades educativas da metodologia da Matemática, que são o jogo, a informática, a história da matemática, a modelagem matemática, a etnomatemática e a resolução de problemas. Como forma de verificação de aprendizagem, foram disponibilizadas, a cada final de capítulo, atividades de aprendizagem e atividades de autoavaliação.

Um...

Concepções de conhecimento matemático relacionadas ao ensino e aspectos da história da matemática

Neste primeiro capítulo, antes de tratarmos da metodologia do ensino da Matemática, iniciamos a nossa jornada apresentando os fundamentos que envolvem a profissão do professor.

A atuação como docente depende de algumas premissas que propiciam um melhor desempenho para o profissional da educação. Entre tais premissas se destacam o encaminhamento metodológico, o conhecimento da história da matemática no processo ensino-aprendizagem e as estratégias para tornar o ensino prazeroso e de qualidade.

Os cursos de graduação possibilitam uma visão aproximada da realidade do processo de ensino-aprendizagem. Em sala de aula, a perspectiva é um processo amplo que requer estudo, pesquisa e trabalho de campo. As relações entre professor e aluno, professor e escola, professor e comunidade, e, finalmente, professor e educação estão condicionadas a aprofundamentos que refletem no trabalho diário do educador, como reflexões sobre a atuação desse profissional, sobre a importância do planejamento, entre outros aspectos.

Vamos analisar primeiramente o "ser professor", suas tarefas ligadas à estrutura pedagógica de ensino, suas características como educador na escola e como educador na gestão pedagógica do ensino baseado no instrumento metodológico utilizado.

1.1 ATUAÇÃO DO EDUCADOR

Um funcionário, quando da sua admissão, conhece a empresa, os funcionários e algumas rotinas específicas das tarefas que deverá cumprir. Já o educador, ao iniciar sua atividade profissional, tem acesso ao grupo de trabalho, conhece os professores, os funcionários, a estrutura da escola e inicia um processo de construção pedagógica de atuação.

> Vamos apresentar alguns fundamentos práticos necessários para realizar a sua atividade profissional, que é ensinar. Mas você sabe quais são os fundamentos iniciais dessa construção?

Os fundamentos que consideramos mais importantes são:

1. projeto político-pedagógico (PPP);
2. planejamento da disciplina;
3. plano de aula.

Vejamos o conceito básico e a importância desses três fundamentos pedagógicos na atuação do educador.

1.1.1 PROJETO POLÍTICO-PEDAGÓGICO (PPP)

É um documento escrito considerado plano mestre da escola, construído por toda a comunidade escolar e que norteia as ações políticas e pedagógicas da escola.

> **Por que político?**
>
> O PPP é um canal transformador que indica qual o compromisso sociopolítico de interesse da comunidade escolar. O seu caráter democrático de participação e discussão permanente proporciona uma visão crítica de qual é a função da escola e aonde ela quer chegar.
>
> **Por que pedagógico?**
>
> Define como a escola deve propiciar aos educandos a formação da cidadania, com ações educativas e teorias de aprendizagem que norteiem essa proposta.

É de fundamental importância que o educador tenha acesso constante ao PPP. Assim, as metodologias terão de ser embasadas na visão de mundo da escola, ou seja, o PPP vai intermediar a forma pela qual o educador irá dialogar com os educandos, tendo em vista a disciplina e sua atuação pedagógica.

1.1.2 PLANEJAMENTO DA DISCIPLINA

O planejamento constitui-se em um documento formal pelo qual o educador desenvolve todas as atividades didáticas com base nos conteúdos e objetivos propostos no currículo escolar da série trabalhada.

> **Qual é a importância de se fazer planejamento?**
>
> O educador tem uma função transformadora e sistemática, cujo alicerce principal são a aprendizagem e a construção de saberes pelos alunos, e, para chegar a esse objetivo, há a necessidade de que todo o processo seja planejado.
>
> O **planejamento escolar** funciona como uma organização sistemática dos objetivos propostos no processo de ensino. Deverão estar intrínsecas as dificuldades de assimilação dos conteúdos por parte dos educandos e as influências socioeconômicas e culturais que podem ocorrer durante o processo.
>
> No planejamento devem constar os conteúdos, os objetivos específicos, a metodologia das aulas, a avaliação e o período de desenvolvimento.

Quais são as funções do planejamento escolar?

Para Libâneo (1994), as funções do planejamento escolar se baseiam em procedimentos, vínculos, racionalização, estabelecimento de objetivos, coerência e preparação.

> Os procedimentos adotados para um bom planejamento devem ter coerência com o PPP da escola, articulando as demais áreas do conhecimento.

> Os vínculos são as relações entre teoria e prática do educador em sala de aula, sua postura, sua leitura de mundo que será materializada nos conteúdos, nos métodos e nos objetivos contidos no planejamento.

> A racionalização provém dos princípios de organização do trabalho do professor; um educador que busca planejar e organizar o trabalho terá seus objetivos concluídos pontualmente e com determinado sucesso.

> Já na função de prever os objetivos, o conhecimento da clientela garantirá uma efetiva transformação na realidade do educando.

> A coerência é o caminho pelo qual o educador correlaciona todos os objetivos propostos no planejamento, desde os conteúdos até a avaliação.

> A preparação das aulas é o vínculo primário do educador com o domínio e transmissão do conteúdo. Requer estudo, pesquisa, seleção de recursos didáticos e, principalmente, a escolha correta da metodologia de ensino necessária para o desenvolvimento do ensino-aprendizagem.

Na Figura 1 você pode conferir a estrutura de um modelo básico de planejamento.

FIGURA 1 – MODELO BÁSICO DE PLANEJAMENTO

Planejamento do trabalho docente Período:			
Professor: Disciplina: Série/turma:			
Conteúdos específicos	Objetivos	Metodologia	Avaliação
Discriminação dos pesos de cada avaliação:			
Referências bibliográficas:			

1.1.3 PLANO DE AULA

Segundo Libâneo (1994), o professor deve fazer uma avaliação da sua própria aula e de seus métodos.

> *O plano de aula é o roteiro pelo qual o educador desenvolverá o conteúdo e definirá a metodologia que será aplicada, os recursos didáticos, bem como a forma pela qual se dará a avaliação.*

Preparar uma aula requer por parte do educador a consciência de que seus objetivos específicos dependem de escolhas que deverão ser realizadas por meio de pesquisa, sistematização de conteúdo e utilização de facilitadores de aprendizagem (recursos didáticos, midiáticos e tecnológicos).

A importância da preparação das aulas é fundamental para que o educador desenvolva algumas premissas básicas na sua atuação, tais como o domínio de conteúdo, boa didática e utilização correta da metodologia a ser aplicada. Com base nesses procedimentos, todo o processo de preparação de aula deve ser conduzido com muita análise, reflexão e reavaliação constante para que o processo de ensino-aprendizado ocorra corretamente.

Confira a seguir um modelo de plano de aula.

FIGURA 2 – MODELO DE PLANO DE AULA

Escola:		Disciplina:	
Data:	Série:	Professor:	
Unidade didática:			
Objetivos específicos	Conteúdos	Nº aulas	Desenvolvimento metodológico
			Preparação:
			Introdução do assunto:
			Desenvolvimento e estudo ativo do assunto:
			Sistematização e aplicação:
			Tarefas para casa:
Avaliação:			
Referencial teórico:			

Fonte: Libâneo, 1994.

1.1.3.1 RECURSOS DIDÁTICOS

No plano de aula, também há necessidade de verificarmos quais são os recursos didáticos disponíveis na escola, por isso é preciso conceituar o que são os recursos didáticos e quais são aqueles a que geralmente temos acesso na escola.

Como componente do princípio de aprendizagem, os **recursos didáticos** são facilitadores do ensino-aprendizagem e têm como maior objetivo estimular os alunos nas aulas.

A atuação do educador se qualifica com a utilização desses componentes, pois eles possuem uma função pedagógica complementar que auxilia na transmissão de conteúdos e na viabilização de uma ponte adequada para o saber. Tais componentes:

> - motivam e despertam o interesse dos alunos;
> - favorecem a diversidade de informações e dados;
> - desenvolvem as noções concretas de temas abstratos;
> - auxiliam a fixação dos conteúdos, a experimentação e a pesquisa.

Os recursos didáticos variam muito quanto à forma e à utilização. A tecnologia apresenta a cada dia uma variedade de recursos, sendo que os mais utilizados no ambiente escolar são o tradicional quadro-negro, o giz, a televisão, o rádio, o computador, a filmadora, a máquina fotográfica, os filmes, os jornais, as revistas, o livro didático, entre outros.

Segundo Dante (2005c), vale ressaltar dois recursos importantes que são necessários para um bom andamento das aulas: caderno e lição de casa.

O **caderno** é um material escolar de grande importância, pois é nele que o aluno registra o desenvolvimento em sala de aula, suas tarefas, anotações, trabalhos, avaliações, entre outros. É importante que todo educador faça um acompanhamento do uso desse recurso, pois a ordem, a organização e o capricho do caderno são formas de auxiliar a produção em sala de aula, as anotações de soluções originais para resolução de problemas e as ponderações de professores e alunos, além de ser uma das ferramentas de acompanhamento por parte dos pais da rotina diária dos seus tutelados.

A **lição de casa** tem como objetivo proporcionar um estudo do conteúdo trabalhado em sala de aula e não deve ser visto como castigo, mas, sim, como uma orientação prática de aprofundamento da disciplina. A matemática tem um dos seus segredos seculares adquirido através da prática continuada, sendo muito difícil ser um educador da disciplina e não ter esse discurso afinado por uma metodologia eficaz e uma prática condizente.

A prática pedagógica se viabiliza com a utilização dos recursos didáticos, por isso é importante que o educador perceba que, para construir uma boa prática pedagógica, há necessidade de uma boa preparação de aula, bem como do domínio correto dos recursos didáticos. Para fechar os fundamentos básicos da atuação do educador, apresentamos nas próximas seções duas últimas características norteadoras do processo de formação do professor, que fazem parte da raiz do seu trabalho. Não podemos imaginar no processo educacional atual um educador sem esses requisitos, que são a pesquisa e a metodologia do ensino.

1.1.3.2 O EDUCADOR E A PESQUISA

A **pesquisa** deve fazer parte da prática do educador; não será ela que trará todos os resultados esperados, mas deverá garantir a correta atuação, pois supõe ação reflexiva. A forma pela qual a pesquisa se associa à atuação do trabalho do professor poderá se dar pela simples capacitação do professor durante sua carreira e pela análise da sua atuação em sala de aula, verificando os pontos positivos do uso de determinada metodologia, do sistema de avaliação, da utilização dos recursos didáticos, da assimilação de conteúdos, do uso de experiências, do estudo de determinados teoremas, da análise de resultados quantitativos e qualitativos, entre outros.

> *A pesquisa deve fazer parte da prática do educador.*

1.1.3.3 METODOLOGIA DE ENSINO

Como sabemos, toda metodologia deve ser orientada pelo PPP da escola. Fazem parte dessa tendência pedagógica a apropriação dos conhecimentos, pesquisas e demais atividades pedagógicas propostas pelo educador, sendo esses aspectos estruturados em um plano de aula. O professor deve decidir todos os processos que devem nortear sua prática docente. Essa autonomia é um pressuposto elementar das premissas de um PPP democrático e participativo.

> *De acordo com Libâneo (1994), as metodologias de ensino são trilhas que visam à assimilação do conteúdo, à investigação científica por meio da utilização de métodos adequados e de procedimentos que organizem ideias e reflexões, para a compreensão das atividades de ensino.*

Como escolher uma metodologia adequada ao perfil do educador e do educando?

A resposta deve ser o principal objeto de pesquisa do educador, e é claro que dentro da resposta surge a indagação dos porquês da metodologia. A metodologia deve sempre cumprir as metas de cada objetivo proposto no planejamento. Sendo ela agregada a um conteúdo, depende dos conteúdos específicos e do estudo coerente das características de aprendizagem dos educandos, sejam elas individuais ou coletivas.

A metodologia se fundamenta em princípios de aprendizagem para o ensino:

> Ter caráter científico e sistemático. Na Matemática, as técnicas de resolução de problemas têm como base a ciência.
> Há necessidade de o conhecimento ser compreensível e de possível assimilação.
> Ter como foco o planejamento escolar.
> Possibilitar a aplicação do conhecimento na sua práxis.

Tivemos a possibilidade de expor algumas metodologias aplicadas ao ensino da Matemática e baseadas na nossa atuação como educador. É difícil materializar todas as possibilidades metodológicas de cada conteúdo, pois elas dependerão muito da pesquisa e, principalmente, da realidade e do tempo de aprendizagem de cada educando.

1.2 CONCEPÇÕES DE CONHECIMENTO MATEMÁTICO RELACIONADAS AO ENSINO

O ensino da Matemática requer dos educandos e dos educadores atenção, dedicação, experimentação, curiosidade e, principalmente, tentativa.

A experiência como docente da disciplina de Matemática nos possibilita explorar algumas concepções do conhecimento matemático relacionadas ao ensino. Essa realidade traduz uma forma direta e objetiva de vislumbrar princípios necessários ao educando no aprendizado da Matemática. A construção desses conhecimentos por parte do educando e realçados nas metodologias de ensino proporciona uma relação direta entre o perfil do educando e as estratégias de ensino a serem escolhidas e pesquisadas pelo educador.

1.2.1 ATENÇÃO

A revolução tecnológica presente no mundo atual requer do educador metodologias que possam atingir os educandos de forma que a construção do conhecimento possibilite novas formas de aprendizagem.

Sabemos que os *games*, a *web*, os *music players*, a televisão, entre outros recursos midiáticos, são interações de fácil acesso, mas de conotações que, sem a mediação do processo educativo, comprometem o desenvolvimento das aulas.

A **atenção** por parte do educando proporciona um mecanismo visual de fundamental importância no aprendizado da Matemática, pois pode identificar algumas barreiras primárias no processo de ensino-aprendizagem (exemplo de tais barreiras: o aluno não presta atenção no professor, não compreende a explicação do desenvolvimento da resolução de problemas etc.). É importante que educador e educando tenham ciência dessa importância, pois podem ocorrer sequelas na formação do educando, dificultando as habilidades de raciocínio lógico, dedutível e de assimilação do conhecimento.

1.2.2 DEDICAÇÃO

Para os educandos, a **dedicação** possibilita entender os mecanismos de aprendizagem, facilita o desenvolvimento das habilidades específicas do conteúdo trabalhado, uma melhor interação com as relações de interdisciplinaridade e um maior envolvimento com o sistema educacional.

1.2.3 EXPERIMENTAÇÃO

Como dizem os mestres antigos, o conhecimento tem de ser algo tangível, ou seja, tem a necessidade de ser experimentado. De nada vale tentarmos dialogar nestas páginas se o que recomendamos não for experimentado por meio de erros e acertos durante todo o processo de formação do educador.

> **Importante!**
>
> O educando terá mensurado o seu conhecimento a partir da **experimentação**, independente de ser na forma de atividades de manuseio ou tato, atividades de construção lógica ou de produção de conhecimento.

1.2.4 CURIOSIDADE

Se você refletir sobre os fatores que influenciam o processo de ensino da Matemática – atenção, dedicação, experimentação –, perceberá que todos são correlatos da **curiosidade**.

A curiosidade interfere no processo de ensino na medida em que o conhecimento inato muitas vezes não padronizado pela *práxis*, seja do educador, seja do educando, não é associado a alguns fundamentos essenciais para o desenvolvimento do aprender, que são ouvir, refletir, analisar e, principalmente, ampliar o seu conhecimento, que é um dos conceitos da curiosidade. Só amplia o conhecimento aquele que pesquisa, dedica-se e concretiza o processo de experimentação.

1.2.5 TENTATIVA

Na nossa vivência como educador, seja na modalidade de ensino a distância, seja na presencial, o que mais se destaca, principalmente se considerarmos os educandos que possuem determinadas dificuldades de aprendizado, é a falta do ingrediente básico no aprendizado da Matemática: a **tentativa**. Há a necessidade do entendimento de que o erro faz parte do processo de ensino-aprendizagem, mas a falta do fazer, do tentar é com certeza o caminho mais difícil. O educador deve motivar o aluno com os devidos encaminhamentos da orientação pedagógica.

Na nossa caminhada pelo magistério, temos refletido muito sobre as concepções necessárias para um melhor aprendizado do educando. Sempre velhas e novas visões pedagógicas vêm transformar nossa prática; elas sempre podem ser ferramentas úteis para o educador pesquisador e reflexivo.

> *Qualquer metodologia trabalhada em sala de aula não terá nenhum resultado se o educador não estimular o educando a tentar desenvolver determinada habilidade ou conceito.*

Quanto ao método tradicional, segundo Brito (2005, p. 86), "Esse tipo de ensino, no qual grande parte dos professores enfatiza mais a quantidade que a qualidade, também evidencia que o aluno que já aprendeu e formou os conceitos é aquele que obtete êxito nas avaliações, independente da compreensão".

Não somos daqueles que acreditam que os métodos tradicionais devem ser abolidos. Sabemos que a prática contradiz essa fala, mas temos de caminhar para novas formas de aprendizagem que mesclem o tradicional com recursos tecnológicos e encaminhamentos que tornem o aprendizado estimulante, prazeroso e com apropriação real do educando nas suas relações educacionais.

1.3 A HISTÓRIA DA MATEMÁTICA

A **história da matemática** está cada vez mais presente no desenvolvimento metodológico do ensino da Matemática. O educador, por meio de pesquisas, verifica a importância de aliar a sua prática ao contexto histórico da compreensão e resolução de problemas do homem durante diversos períodos da construção da sociedade.

Os porquês da matemática devem direcionar os conteúdos desenvolvidos em sala. Conhecer a história da matemática promove uma aprendizagem significativa, pois direciona o educando ao fato de que o conhecimento matemático é construído historicamente por meio de situações concretas e necessidades reais em diversas épocas da sociedade (Miguel; Miorim, 2004).

> A construção crítica de todo processo de ensino transforma a inclusão de qualquer conceito em uma análise que se referenda pela pesquisa, no estudo e na experimentação. O professor deve se perguntar: "Por que utilizar a história da matemática?"

Vamos refletir sobre alguns aspectos importantes para discutir a importância da história da matemática, tentando demonstrar o porquê da sua importância e como utilizá-la.

Os objetivos que fazem o educando compreender a natureza da Matemática provêm do entendimento da história da disciplina, os contextos da sua prática, que podem estruturar conceitos que foram e são importantes na vida da humanidade.

> Quando o educador trabalha um conteúdo em sala de aula, deve mostrar em que época foi construído e que isso se deu em razão de determinado fato social. Com isso, as necessidades sociais proporcionam avanços científicos.

Podemos nos guiar para o trabalho em sala de aula por meio de autores clássicos; há livros que trazem satisfação na leitura e proporcionam uma construção muito interessante no desenvolvimento do aprendizado.

O educando, quando verifica que a matemática se relaciona com outras ciências, constrói os elos de herança cultural, advindos do desenvolvimento da própria sociedade, em diversas áreas, como artes, astronomia, sociologia, filosofia, entre outras.

1.3.1 A IMPORTÂNCIA DA HISTÓRIA DA MATEMÁTICA

A utilização da história da matemática como recurso metodológico proporciona ao educador uma dualidade muito positiva, pois correlaciona a sua disciplina de maneira contextualizada e interliga a Matemática com outras disciplinas, usando a coerência que o conteúdo necessita.

Com base nesse pensamento, Machado, citado por Paraná (2006), considera que "o significado curricular de cada disciplina não pode resultar de apreciação isolada de seus conteúdos, mas, sim, do modo como se articulam". Machado defende que todos os conteúdos devem ser articulados com as demais áreas do conhecimento, para que o aprendizado tenha significado. Pondera-se muito a falta de literatura específica em relação à história da matemática. Os cursos de graduação, com raras exceções, disponibilizam poucos títulos sobre o assunto, dificultando uma visão mais aprofundada, tanto para o educador quanto para o educando, do estudo da história da matemática (Paraná, 2006).

Como resultado dessa dificuldade, que deve ser temporária, caberá ao educador se capacitar por meio de cursos, análise de periódicos, trocas de ideias com educadores que já trabalham com o tema e, principalmente, utilizar a pesquisa com referência na construção mais abrangente dessa temática.

> Outro aspecto importante nessa discussão é a contextualização, a metodologia a ser utilizada pelo educador, que deve ser transformadora, articulada com outras disciplinas e que expresse, quando possível, a *práxis* dos alunos, possibilitando uma apropriação de novos saberes.

Para D'Ambrosio (1996, p. 99), "o exercício de direitos e deveres acordados pela sociedade é o que se denomina cidadania". O autor afirma ainda que "educação é o conjunto de estratégias desenvolvidas pelas sociedades para: possibilitar a cada indivíduo atingir seu potencial criativo; estimular e facilitar a ação comum, com vistas a viver em sociedade e exercer cidadania".

A educação não prescreve o aprendizado momentâneo, a elaboração de conceitos, e a criação propicia aos seus agentes uma transformação constante de sua ação, propagação e leitura de mundo. D'Ambrosio (1996) acredita que a educação transforma seus atores, desde que não seja contraditória, isto é, a disciplina expande os saberes sociais e não desvaloriza tais princípios. Os saberes conduzem a cidadania quando eles ampliam as capacidades e os conhecimentos dos educandos. A educação sempre será a célula principal dessa estratégia de desenvolvimento do ser.

Muitos educadores não compreendem seu papel transformador. Seu dia a dia não é construído com embasamento pedagógico; a representação da sua prática é a elaboração por minutos específicos de uma atividade preconcebida, o tempo é mensurável, e a dualidade professor e aluno quase não existe. A ação educacional é um elo ponderante na construção da cidadania de todos os atores envolvidos.

Quando pensamos em incluir como parte da nossa prática a história da matemática, não estamos apenas valorizando o fato gerador do conhecimento, estamos possibilitando uma interação do educando com os princípios básicos de qualquer construção do saber.

Muitos educadores não compreendem seu papel transformador.

As ciências utilizam ferramentas da matemática para a construção de seus saberes. As Diretrizes Curriculares de Matemática para a Educação Básica no Paraná, (2006, p. 24) indicam que:

> *O ensino da matemática trata a construção do conhecimento matemático sob uma visão histórica, de modo que os conceitos são apresentados, discutidos, construídos e reconstruídos e também influenciam na formação do pensamento humano e na produção de sua existência por meio das ideias e tecnologias.*

Essa visão pode angariar muitos educadores no Brasil que são acostumados a trabalhar com diversas disciplinas. Todos somos cientes de que essa prática em que o professor não trabalha com a sua disciplina de graduação é muito condizente com os educadores passados e presentes, mas sempre há a vontade de que essa realidade seja totalmente ultrapassada; contudo, estamos longe disso. O educador, quando estuda as diversas áreas do conhecimento, consegue perfeitamente verificar a influência da matemática nas outras ciências, e a história da matemática, ao ser incorporada na metodologia de ensino, caminha junto com o desenvolvimento desses conhecimentos, abrindo pontes, percebendo que a dinâmica evolucionista constante da tecnologia carrega todos os seus fundamentos em princípios matemáticos. O correto é o educador especializar-se na sua disciplina, tornar-se pesquisador, construir conhecimento por meio da sua prática pedagógica coerente, capacitando-se por meio de uma linha contextualizada, correlacionada e fundamentada com os princípios históricos e pedagógicos da disciplina.

D'Ambrosio (1996, p. 270) diferencia dois aspectos importantes no aprendizado da Matemática, o lúdico e o crítico, e pondera a influência deles na formação do cidadão:

> *O aspecto crítico*, que resulta de assumir que a Matemática que está nos currículos é um estudo de matemática histórica? Partir para um estudo crítico do seu contexto histórico, fazendo uma interpretação das implicações sociais dessa matemática, sem dúvida pode ser mais atrativo para a formação do cidadão.
>
> *O aspecto lúdico* associado ao exercício intelectual, que é tão característico da matemática, e que tem sido totalmente desprezado. Por que não introduzir no currículo uma matemática construtiva, lúdica, desafiadora, interessante, nova e útil para o mundo moderno?
>
> *O enfoque histórico favorece destacar esses aspectos, que consideramos fundamentais na educação matemática.* [grifo do original]

A criticidade acompanha a fundamentação da história da matemática. Muitos matemáticos tinham como visão filosófica a negação de muitos conceitos preestabelecidos. Descartes (2004) proporcionou aos seus estudos uma relação constante entre o saber obrigatório e o saber construído. O educando, quando estuda determinadas biografias com mediação do educador, constrói com propriedade certos saberes, as aulas tornam-se mais atrativas e correlacionadas com o desenvolvimento da sociedade, suas tecnologias e participação do ser na construção da cidadania. Por vezes, aquilo que o aluno está aprendendo precisa ter uma relação com o seu mundo, uma aplicação em sua vida. Para essas situações, faz-se interessante utilizar elementos lúdicos, como o jogo e a brincadeira, que, além de desenvolverem habilidades lógicas, de integração e sociabilidade, estimulam desafios. Um papel relevante é a inserção das mídias tecnológicas que, se utilizadas corretamente, preservando o contexto do conteúdo abordado, tornam o ensino e a aprendizagem mais eficientes, atrativos e necessários à formação do ser. No caso do lúdico, o computador poderá ser um grande aliado.

> *A criticidade acompanha a fundamentação da história da matemática.*

De acordo com Bicudo (1999, p. 97), o estudo da história das aplicações da matemática e dos seus usos nos mais diversos campos da sociedade – para além da história das grandes descobertas – pode ser de grande alcance, tanto para a concepção dos currículos como para dar suporte à prática do professor em sala de aula.

Um dos aspectos importantes na escolha de um bom livro didático ou material de apoio pedagógico é verificar se a história da matemática está contemplada no início de cada capítulo ou desenvolvimento de um conteúdo. Isso possibilita que todo educador, ao iniciar o desenvolvimento didático da disciplina, já utilize essas referências importantes na sua prática metodológica.

1.3.2 HISTÓRIA DA MATEMÁTICA NO BRASIL

D'Ambrosio (1999, p. 7-37) cita uma cronologia aplicada à história das ciências em toda a América. Vejamos como os fatos são divididos em períodos históricos na visão do autor:

> 1. *Pré-Colombo/Cabral: os primeiros povoamentos, a partir da Pré-História.*
>
> 2. *Conquista e colônia (1500-1822).*
>
> 3. *Império (1822-1889).*
>
> 4. *Primeira República (1889-1916) e a entrada na modernidade (1916-1933).*
>
> 5. *Tempos modernos (1933-1957).*
>
> 6. *Desenvolvimentos contemporâneos (a partir de 1957).*

O autor (1999) utiliza essa cronologia para descrever alguns momentos históricos importantes na história da matemática no Brasil:

> A carta de Pero Vaz de Caminha não continha elementos matemáticos, mas era baseada no conceito da etnomatemática[a]. Já havia relatos de processos de contagem, de medições e de inferência dos nativos.

> Na colônia, além da língua portuguesa, já havia a preocupação de se ensinar o catecismo e a aritmética vigentes em Portugal. Já consolidada, na colônia ocorre a fundação de cidades costeiras, construções de igrejas, pontes, estradas e edifícios, e para isso são necessários conhecimentos matemáticos.

> No Império, destaca-se a criação de uma nova revista, *O Patriota*, em que o matemático José Saturnino da Costa Pereira (1773-1852) publicou um artigo sobre matemática avançada, abordando o problema isoperimétrico do sólido de maior volume, revelando grande capacidade em lidar com textos matemáticos.

> Os conhecimentos balonísticos trazidos pelo Padre Bartolomeu de Gusmão (1685-1724) e, posteriormente, os inventos de Julio Cezar Ribeiro de Souza (1881) e de Alberto Santos Dumont (1873-1932) são objeto de grande avanço tecnológico, principalmente deste último, com a construção do primeiro aparelho voador.

---

a. Etnomatemática é a matemática que provém de conceitos populares e informais que devem ser relevantes ao estudo da ciência. Podemos citar, por exemplo, aspectos da cultura indígena relacionados à matemática.

› A Primeira República consolida-se pelas ideias positivistas das escolas de engenharia. Destaca-se a visita de Albert Einstein (1925), que, durante sua estadia no Rio de Janeiro, na Academia Brasileira de Ciências, pronunciou uma conferência e mudou o paradigma da época, com a passagem da corrente positivista para a modernizadora.

› Foi retomado a todo vapor o ciclo de pesquisas, sob a influência do matemático francês André Well, sendo que, em 1946, foi fundada a Sociedade de Matemática de São Paulo, na qual ocorreria a publicação do *Boletim da Sociedade de Matemática de São Paulo*.

› No pós-guerra, muitos matemáticos graduam-se em São Paulo, atraídos pelo trabalho na Faculdade de Filosofia, Ciências e Letras da Universidade de São Paulo. Destaca-se a contratação do francês André Weil (1934), em razão de sua influência nos matemáticos paulistas. Em 1951, foi criado o Conselho Nacional de Pesquisas e, em 1952, o Instituto de Matemática Pura e Aplicada. A partir desse período, a pesquisa matemática no Brasil tomou rumos de consolidação.

› Em 1957, ocorreu o 1º Colóquio Brasileiro de Matemática – um evento bienal – que levou fontes de pesquisa matemática a todo o país, formando grupos entusiastas em praticamente todos os estados da União.

1.3.3 DESCOBERTAS RELACIONADAS À HISTÓRIA DA MATEMÁTICA

D'Ambrosio (1999) descreve, na revista *Saber y Tiempo*, uma cronologia das principais descobertas relacionadas à história da matemática. Vejamos algumas passagens importantes na história:[b]

> - Foram encontrados relatos históricos de 4700 a.C., o que seria o provável início do calendário babilônico.
>
> - As principais contribuições do trabalho de Pitágoras ocorreram em 540 a.C.
>
> - Os numerais hindus surgiram no ano 650.
>
> - No período de influência do físico e matemático italiano Galileu Galilei, entre 1564 a 1642, a matemática foi reconhecida como linguagem imprescindível para a física.
>
> - No período de 1596 a 1650, René Descartes, filósofo e racionalista francês, trabalhou com a interpretação algébrica as construções geométricas na geometria analítica.
>
> - No período de 1823 a 1825, surgiu a teoria dos números, alavancada principalmente por Gauss na teoria da geometria não euclediana.

---

b. Para obter mais informações sobre as descobertas com enfoque na história da matemática, acesse o *site*: <http://educacao.uol.com.br/matematica/historia-da-matematica-1-cronologia-das-principais-descobertas.jhtm>.

> Foi criada a teoria dos jogos e da computação por John Von Neumann, de 1903 a 1957.

> Já em 1994, Andrew Wiles, depois de 350 anos, demonstra o último Teorema de Fermet.

Neste livro, enunciaremos como exemplos de metodologias alguns planos de aulas, em que serão expostos alguns encaminhamentos metodológicos práticos possíveis de aplicação para auxiliar a prática docente. Todos os modelos de plano de aula estão contidos na seção "Apêndices" do livro. Para este capítulo, verifique o Plano de Aula 1 – "História da Matemática".

SÍNTESE

Neste primeiro capítulo, apresentamos alguns fundamentos importantes na atuação do educador, princípios estes que norteiam a prática docente. A educação é um processo complexo que requer preparo e capacitação por parte dos seus atores. O educador, antes de pensar na metodologia a ser utilizada, necessita de um arranjo de informações presentes no seu dia a dia. Refletimos sobre as concepções de conhecimento matemático relacionado ao ensino e sobre a importância da utilização da história da matemática como forma de garantir um processo de ensino-aprendizagem motivador e coerente.

INDICAÇÃO CULTURAL

EVES, H. W. **Introdução à história da matemática.** Campinas: Ed. da Unicamp, 2004.

Trata-se de um bom livro, que propicia uma leitura ampla da história da matemática. O autor detalha muitos momentos históricos em que a matemática contribuiu para o desenvolvimento da sociedade moderna. O livro retrata desde as descobertas anteriores ao século XVII – a matemática babilônica e egípcia, a pitagórica, Euclides e seus elementos, a matemática chinesa, hindu, árabe – até o século XX. A importância desse tipo de leitura para o educador é o aprendizado dos aspectos das descobertas e das relações temporais da matemática com a sociedade da época e a atual.

ATIVIDADES DE AUTOAVALIAÇÃO

[1] Assinale a alternativa correta. Quais são os fundamentos iniciais da construção pedagógica de um educador na escola?
 - [A] Recursos didáticos, tecnológicos e planejamento educacional.
 - [B] Projeto político-pedagógico, planejamento da disciplina e plano de aula.
 - [C] Projeto político-pedagógico, plano de aula e formação pedagógica.
 - [D] Planejamento didático, plano de aula e projeto político-pedagógico.

[2] Assinale (V) para verdadeiro e (F) para falso nas alternativas a seguir. O projeto político-pedagógico:
[ ] define como a escola deve propiciar aos educandos a formação da cidadania.
[ ] é construído por toda a comunidade escolar.
[ ] tem caráter democrático.
[ ] é construído pela equipe técnico-pedagógica da escola.

[3] Assinale (V) para verdadeiro e (F) para falso nas alternativas a seguir. Sobre o planejamento escolar, é correto afirmar que:
[ ] funciona como uma organização sistemática dos objetivos propostos no processo de ensino.
[ ] depois de realizado, não devem ser alteradas a prática e a metodologia previstas durante o transcorrer do ano.
[ ] no planejamento, constam os conteúdos, os objetivos específicos, a metodologia das aulas, a avaliação e o período de desenvolvimento.
[ ] deverão estar presentes as dificuldades de assimilação dos conteúdos por parte dos educandos.

[4] Assinale a alternativa correta. Qual é a importância do plano de aula?
[A] A importância da preparação das aulas é fundamental para que o educador desenvolva algumas premissas básicas na sua atuação, tais como domínio de conteúdo, boa didática e utilização correta da metodologia a ser aplicada.

[B] O plano de aula se fundamenta nos projetos contidos no PPP da escola, em suas ações para garantir a cidadania e efetiva participação da comunidade na produção das aulas.

[C] O plano de aula é uma ferramenta paradidática que servirá para apoio quando o planejamento escolar estiver comprometido.

[D] O plano de aula é utilizado para o educador apenas se adaptar no período inicial da sua prática pedagógica.

[5] Assinale (V) para verdadeiro e (F) para falso nas alternativas a seguir. Sobre os recursos didáticos, é correto afirmar que:

[ ] são facilitadores do ensino-aprendizagem, que tem como maior objetivo estimular os alunos nas aulas.

[ ] motivam e despertam os interesses dos alunos, favorecem a diversidade de informações e dados, desenvolvem as noções concretas de temas abstratos e auxiliam na fixação dos conteúdos, da experimentação e da pesquisa.

[ ] são ferramentas exclusivas da utilização do computador.

[ ] são considerados o quadro-negro, o giz, a televisão, o rádio, o computador, a filmadora, a máquina fotográfica, os filmes, o DVD, o jornal impresso, as revistas, o livro didático, entre outros.

[6] Marque as alternativas corretas em relação à importância da utilização da história da matemática como metodologia de ensino:

[A] Quando um conteúdo é desenvolvido em sala de aula, é importante mostrar como os conceitos matemáticos apareceram durante determinada época e como se desenvolveram.

[B] Podemos nos guiar para o trabalho em sala de aula por meio de autores clássicos, pois há livros que trazem satisfação na leitura no desenvolvimento do aprendizado.

[C] O educando, quando verifica que a matemática se relaciona com outras ciências, constrói os elos de herança cultural: o desenvolvimento da sociedade pelas artes, pela astronomia, pela sociologia, pela filosofia é marcado pela história da matemática.

[D] A adequação da metodologia da história da matemática deve ocorrer quando o educando já possui níveis de aprendizado concretos.

[7] Assinale (V) para verdadeiro e (F) para falso nas alternativas a seguir. Sobre as concepções de conhecimento matemático relacionadas ao ensino é correto afirmar que:

[ ] assim se definem: atenção, dedicação, experimentação, curiosidade e, principalmente, tentativa.

[ ] a experimentação proporciona um mecanismo visual de fundamental importância no aprendizado da Matemática, pois pode identificar algumas barreiras primárias no processo de ensino-aprendizagem.

[ ] a curiosidade se dá quando o educador tem como objetivo estimular o educando a tentar desenvolver determinada habilidade ou conceito, utilizando, por exemplo, a pesquisa.

[ ] a atenção proporciona um mecanismo visual de fundamental importância no aprendizado da Matemática, pois pode identificar algumas barreiras primárias no processo de ensino-aprendizagem.

ATIVIDADES DE APRENDIZAGEM

QUESTÕES PARA REFLEXÃO

[1] Selecione três temas relacionados a passagens históricas da matemática. Pesquise a visão filosófica dos seus criadores e verifique quais são as outras áreas de conhecimento que foram contempladas com as descobertas.

[2] Observe atentamente o jogo Batalha Naval, suas características, estratégias, marcações, e faça uma análise de qual relação ocorre com o conhecimento produzido pelo plano cartesiano de René Descartes.

ATIVIDADE APLICADA: PRÁTICA

[1] Divida a sala em dois grandes grupos. O primeiro grupo terá de fazer uma pesquisa sobre a biografia de Tales de Mileto, sua vida e descobertas. O segundo grupo terá de construir uma problemática envolvendo a aplicação de Tales nos triângulos. Cada equipe deve apresentar suas tarefas para o grande grupo, e você, educador, deve mediar todos os resultados obtidos e correlacionar a história de Tales de Mileto à prática.

dois...

Princípios da organização do ensino em Matemática

Analisamos o "ser" professor no capítulo anterior e pudemos refletir sobre a atuação do docente, a importância do planejamento, de um plano de aula e dos recursos didáticos, a necessidade da pesquisa e da metodologia de ensino.

A história da matemática foi o nosso primeiro contato direto com a metodologia do ensino da Matemática; naquele momento enfatizamos a necessidade de pesquisa e os contextos importantes para aplicação de propostas metodológicas para o ensino.

> *Como podemos garantir nossas lutas existenciais pela profissão do educador se não nos habilitamos pedagogicamente para os desafios contemporâneos?*

A partir deste capítulo, ampliaremos os nossos contatos com os conhecimentos matemáticos, estabeleceremos uma postura mediadora do ensino, com o foco nas Diretrizes Curriculares estaduais (Paraná).

Com o objetivo de aprofundar nossa vivência como educadores, abordaremos neste capítulo os conhecimentos aritméticos, apresentando algumas possibilidades de encaminhamento metodológico que se utilizam de mídias e recursos didáticos, com o objetivo de propiciar um aprendizado com enfoque no desenvolvimento das habilidades da matemática.

Conforme Freire (1996, p. 66), "Ensinar exige humildade, tolerância e luta em defesa dos direitos dos educadores". Como podemos garantir nossas lutas existenciais pela profissão do educador se não nos habilitamos pedagogicamente para os desafios contemporâneos? A construção do "estar professor" e "ser professor" inicia-se nos bancos escolares da graduação.

Repensar as competências e habilidades necessárias para o futuro educador é criar condições de transformar esse ator primordial para a construção de uma sociedade mais justa e de qualidade, em que a educação é a ponte para uma construção filosófica, política e cidadã.

2.1 COMPETÊNCIAS E HABILIDADES DO CURRÍCULO DO CURSO DE GRADUAÇÃO EM MATEMÁTICA

Quando discutimos os princípios da organização do ensino de Matemática, a metodologia, o planejamento, o plano de aula, entre outros fatores importantes, lembramos as competências e habilidades que são necessárias na formação dos professores nos cursos de graduação em Matemática. São elas que caracterizam a atuação do educador – a linha de ação desse educador.

Pergunta-se muitas vezes sobre a importância da graduação na formação de um profissional da educação e por que essa graduação influencia principalmente no início da carreira. A graduação serve como um fundamento que irá nortear toda a vida profissional desse ator importantíssimo no processo de transformação do ensino-aprendizagem. Vamos encontrar essas competências e habilidades no Parecer nº 1.302/2001[a] do Conselho Nacional de Educação, que trata do perfil do formando, da estrutura dos cursos, dos conteúdos e demais especificações da licenciatura.

Vejamos quais são as competências e habilidades que os currículos dos cursos de bacharelado ou licenciatura em Matemática devem desenvolver, conforme o parecer:

> *a) capacidade de expressar-se escrita e oralmente com clareza e precisão;*
>
> *b) capacidade de trabalhar em equipes multidisciplinares;*
>
> *c) capacidade de compreender, criticar e utilizar novas ideias e tecnologias para a resolução de problemas;*
>
> *d) capacidade de aprendizagem continuada, sendo sua prática profissional também fonte de produção de conhecimento;*
>
> *e) habilidade de identificar, formular e resolver problemas na sua área de aplicação, utilizando rigor lógico-científico na análise da situação-problema;*

---

a. Para consultar na íntegra o Parecer nº 1.302, de 06 de novembro de 2001, acesse o seguinte *link*: <http://portal.mec.gov.br/sesu/arquivos/pdf/130201mat.pdf>.

> *f) estabelecer relações entre a matemática e outras áreas do conhecimento;*
>
> *g) conhecimento de questões contemporâneas.*

Vemos que a maioria das premissas citadas, das quais se destacam o trabalho em equipe, o uso das tecnologias para solução de problemas, a relação com as outras áreas do conhecimento, são temáticas que são objetos de reflexões para todo educador, sejam aqueles que estão iniciando, sejam aqueles que já têm certa bagagem.

> **Importante!**
>
> Quando nos defrontamos com a prática na sala de aula, verificamos que todos os fundamentos exigidos nos nossos planejamentos e nos planos de aula foram trabalhados na graduação. Por isso, já na graduação, o graduando deve buscar os devidos aprofundamentos teóricos para que possa alicerçar a sua prática futura, na qual os desafios serão bem mais definidos em razão da complexidade de sua atuação.

2.2 PRINCÍPIOS E FUNDAMENTOS METODOLÓGICOS

O ensino da Matemática envolve diversos saberes, que muitas vezes extrapolam a teoria, pois engloba fatores contemporâneos que a matemática a todo tempo tem de demonstrar, seja pelo uso das tecnologias, seja por novos paradigmas sociais e de formação.

O aprendizado em Matemática propicia ao educando uma reconstrução contínua de pensamentos e de habilidades cognitivas. Podemos imaginar as linhas de ação que os educadores terão de desenvolver nos próximos anos, nas áreas de pesquisa, formação, capacitação, e um novo envolvimento da construção de um currículo crítico da atuação do conhecimento matemático para se adaptar aos novos desafios contemporâneos de aprendizagem.

Se refletirmos sobre os temas principais de concepções do ensino da Matemática, claramente dois pensamentos decorrem dessas diretrizes:

› A visão cartesiana exposta nos livros de matemática, definindo início, meio e fim do desenvolvimento de seu aprendizado, em que o conhecimento é algo técnico, estruturado e com respostas muitas vezes previsíveis.

› Há possibilidade de novas formas de indagações, soluções, crença nos erros, novas formas de aprendizado, utilizando conceitos de lógica e estruturação total ou parcial do conhecimento voltado às diversas formas de saberes.

Compreenderemos esse novo diálogo da matemática com a educação quando refletirmos sobre como devemos realmente ensinar e o que realmente o nosso aluno deve aprender. O campo de aplicação metodológica do ensino da

> *O aprendizado em Matemática propicia ao educando uma reconstrução contínua de pensamentos e habilidades cognitivas.*

Matemática deve ser concebido por meio da prática e da pesquisa, em que a visão crítica eleve o ensino a uma relação social constante e inacabada.

Aprendemos e ensinamos Matemática com o intuito de possibilitar uma transformação do ser. O educador, quando interioriza essa reflexão, consegue incluir sua fala em seus artífices diários; já o educando fará melhores análises, discursos, relacionando conceitos e ideias, fundamentos para poder efetivamente participar criticamente da sociedade na qual está inserido.

> **Como fazer tal mudança de paradigma?**
>
> O educador, preservando todo o caráter científico da disciplina e seus conteúdos, deverá redimensionar os conhecimentos matemáticos que fundamentam tal discurso, garantindo ao educando a possibilidade de apropriar as sistemáticas científicas, generalistas, práticas da disciplina, leituras de novas linguagens, interpretação de aplicações matemáticas e relações com outras áreas do conhecimento.

Essa reflexão implica a necessidade de redimensionar a matemática, seja na visão da construção do conhecimento transmitido, seja como nas especificidades tratadas pela disciplina no processo de ensino-aprendizagem.

2.3 OBJETIVOS GERAIS DA DISCIPLINA

O objetivo da educação matemática é instrumentalizar o educando com ferramentas de aprendizagem baseadas na construção de conhecimento de um conjunto de resultados, métodos, algoritmos, regras e procedimentos.

> **Importante!**
>
> Vale ressaltar que muitas são as diferenças metodológicas, dependendo da clientela a ser atingida. Podemos ter abordagens diferenciadas com crianças, jovens e adultos. Caberá ao educador explorar de forma estruturada os diferentes aspectos do saber matemático.

De acordo com Sacristán (2000, p. 120):

> *Sem conteúdo não há ensino, qualquer projeto educativo acaba se concretizando na aspiração de conseguir alguns efeitos nos sujeitos que se educam. Referindo-se estas afirmações ao tratamento científico do ensino, pode-se dizer que sem formalizar os problemas relativos aos conteúdos não existe discurso rigoroso nem científico sobre o ensino, porque estaríamos falando de uma atividade vazia ou com significado à margem do para que serve.*

O diagnóstico do ensino-aprendizagem é algo científico, necessita de parâmetros muitas vezes quantitativos ou qualitativos para a verificação dos resultados. No ensino, todo processo parte de um conteúdo independente se ocorrer baseado numa situação-problema ou de uma simples curiosidade. Quando pensamos no processo educacional, baseamo-nos em um currículo e em um eixo variado de conteúdos.

2.4 DIRETRIZES CURRICULARES DO ENSINO DA MATEMÁTICA

As Diretrizes Curriculares de Matemática para a Educação Básica (Paraná, 2006) dispõem de um perfil claro para o educando, destacando-se a criticidade e a autonomia nas suas relações sociais, fundamentos necessários para a apropriação do conhecimento matemático.

> **Podemos imaginar como se daria essa interação com as relações sociais?**
>
> Quando se amplia o conhecimento matemático, o educando tem uma melhor compreensão das relações da matemática com o mundo à sua volta, por isso é necessário que o aprendizado da Matemática instrumentalize essas generalizações e aproprie corretamente como descrever e interpretar as diversas formas de linguagens matemáticas, transformando o aluno em crítico nas ponderações sociais, históricas, políticas e da cidadania.

Na reflexão sobre o ensino da Matemática, é importante um discurso voltado para aspectos de relevância social e cognitiva que possibilite uma visão crítica do ensinar e do aprender, do fazer, do pensar e da sua construção histórica, buscando compreendê-los (Medeiros, 1987).

Os principais enfoques da disciplina de Matemática são:

› formas;
› quantidades.

As Diretrizes Curriculares de Matemática para a Educação Básica (Paraná, 2006) desdobram o estudo da disciplina em campos de conhecimentos denominados *conteúdos estruturantes*. Essa lista de conteúdos é a linha mestra de ação do professor da disciplina. É importante dialogar com frequência com a equipe pedagógica e colegas da disciplina sobre qual metodologia mais apropriada será necessária para o melhor desenvolvimento desses conteúdos.

Vejamos como eles se dividem em cada ciclo de aprendizagem:

a) Ensino fundamental
› Números;
› Operações e álgebra;
› Medidas;
› Geometria;
› Tratamento da informação.

b) Ensino médio
› Números e álgebra;
› Funções;
› Geometria;
› Tratamento da informação.

Os conteúdos estruturantes da educação básica no ensino da Matemática se dividem em duas vertentes muito próximas, que são do ensino fundamental e do ensino médio. Como o enfoque deste livro é o ensino fundamental, trataremos dos encaminhamentos metodológicos e do conceito desse referido ciclo, deixando o ensino médio para outro momento de aprofundamento. Vamos iniciar nosso diálogo em relação ao tratamento metodológico do ensino da Matemática nos anos finais do ensino fundamental, ou seja, do 6º ao 9º ano, suas possibilidades de ensino e aprendizagem.

Começaremos pela sistematização dos conhecimentos matemáticos, que são divididos em aritméticos, geométricos e métricos. Veremos neste capítulo os conhecimentos aritméticos matemáticos.

2.5 CONHECIMENTOS ARITMÉTICOS

A palavra *aritmética* provém do grego *arithmós*, que significa "números". A aritmética é o ramo da ciência da matemática que trabalha com números, operações e relações existentes entre eles. Conforme Lins e Gimenez (1997, p. 19), "Quando consideramos o conjunto das coisas da aritmética que interessa à escola, e o significado que ela considera legítimo, reconhecemos imediatamente que boa parte da aritmética da rua não serve para ajudar a ensinar nada na aritmética da escola".

> *Sabemos ser pouco provável que na sociedade atual o educando desenvolva plenamente uma autonomia na qual suas relações sociais sejam incentivadas a criar mecanismos formais para que, quando chegue à escola, essas teias sejam apenas estimuladas.*

As relações sociais perante os problemas sociais, tais como segurança, trabalho e mazelas sociais, não propiciam ferramentas de aprendizado que poderiam ser mais bem elaboradas no ambiente escolar. É claro que essa visão é generalista.

No processo de ensino-aprendizagem, essa parte dos conteúdos tem fundamental importância, que não apenas aquela fala antiga que ouvimos dos professores de Matemática e enraizada quando o aluno muda de ciclo (fundamental anos iniciais para fundamental anos finais): "Se o aluno souber bem as quatro operações, o caminho dos demais conteúdos será bem facilitado".

A aritmética, portanto, é desenvolvida em todo o processo do ensino fundamental e tem apropriadas suas relações no ensino médio. Inicia-se em etapas dos anos iniciais e é totalmente englobada nos anos restantes do processo. Vejamos a relação dos conteúdos da aritmética mais em evidência:

> - adição;
> - subtração;
> - multiplicação;
> - divisão.

As operações tradicionais se desdobram em operações mais avançadas, tais como:

> potenciação;
> radiciação;
> porcentagens.

O ensino da aritmética também fundamenta as realizações das operações com:

> números naturais;
> números inteiros;
> números racionais (na forma de frações).

Também encontramos na aritmética a utilização das suas propriedades nas soluções de:

> equações;
> funções aritméticas, entre outras.

Os livros didáticos seguem, em sua maioria, a linha cartesiana, na qual todo o processo inicia-se nas séries iniciais pelos conteúdos mais simples e finaliza nas séries finais com os mais complexos, tendo em sua linha metodológica todos os conteúdos entrelaçados.

> *A aritmética tem como desenvolvimento das suas operações uma rotina simples na qual se segue, de forma geral, a resolução de problemas das operações mais complexas e se concluem nas mais fundamentais: é a chamada* ordem de operações.

Como vimos, as quatro operações básicas fundamentam os demais conteúdos. Com o desenvolvimento tecnológico, outros instrumentos podem ser utilizados, como calculadoras, computadores, entre outros recursos tecnológicos atuais. Entretanto, a utilização de outras técnicas não tira a visão e o caráter aritmético da solução de tais problemas.

2.6 DESENVOLVENDO OS PRINCÍPIOS FUNDAMENTAIS DA ARITMÉTICA

É conveniente vincular o aprendizado da aritmética ao conhecimento central da matemática, pois alguns aspectos da concepção curricular aritmética acompanham o educando em toda a sua trajetória.

Vamos analisar alguns dos principais conteúdos da aritmética e seus objetivos no processo ensino-aprendizagem.

Conteúdos

- Números naturais.
- Operações com números naturais.
- Múltiplos e divisores de números naturais.

> Mínimos e máximos divisores comuns.
> Critérios de divisibilidades.
> Frações e números decimais.
> Números inteiros.
> Números racionais.
> Números irracionais.
> Números reais.

Objetivos

> Conhecer e aplicar a linguagem matemática e suas relações com outras áreas do conhecimento escolar;
> Ampliar a capacidade de análise, correlação, comparação, generalização e abstração;
> Desenvolver a capacidade específica de realizar as quatro operações fundamentais da aritmética e seus desdobramentos com os números naturais e fracionários, bem como apropriar-se do conceito e aplicação dos números irracionais.

A base de todo processo aritmético é o sistema de numeração; a história da matemática busca na história da civilização seus conceitos iniciais, por meio de indagações simples, tais como:

> Em que momento da história da civilização surgiram os números?

> Como surgiram as necessidades essenciais para o aparecimento das formas de contagem?

Leitura complementar

De acordo com Struik (1997, p. 29), "os números acompanham o homem desde os tempos remotos como os do começo da idade da pedra, o paleolítico". No início o ser humano não aprofundou o aprendizado da contagem, pois retirava da natureza tudo de que necessitava para sua subsistência. Com o passar das relações sociais e atividades humanas, tais como a necessidade de encontrar novos locais de moradia e novas formas de alimentação, o homem começou a produzir alimentos, criar animais domésticos ou animais para alimentação, deixando a pesca e a caça em segundo plano; essas mudanças trouxeram para o homem alterações profundas nas suas relações. A partir daquele momento surgiu a necessidade de quantificar algumas das suas ações, sendo essas desenvolvidas e remodeladas a cada relação social ou de atividades. Assim, surgiram as primeiras formas de contagem.

O surgimento da agricultura há mais de 10 mil anos na região do Oriente Médio acarretou mudanças na vida do homem. Os locais preferidos para moradias passaram a ser aqueles onde as terras eram mais férteis, e o desenvolvimento da sociedade gerou novas atividades, tais como os artífices de carpintarias, o uso do barro

> na cerâmica e a descobrerta da correta utilização da lã no processo de tecelagem. Essas atividades surgidas necessitaram de princípios elementares de contagem, de registro.
>
> Os princípios iniciais eram de agrupamentos de quantidades. Assim, surgiu a necessidade de símbolos e conceitos de numeração, entre os quais se destacam os sistemas de numeração dos sumérios, dos babilônios, dos egípcios, dos gregos, dos romanos, dos hebreus, dos maias, dos chineses, dos indianos e dos árabes.

O sistema de numeração indo-arábico, hoje formado pelos algarismos 0, 1, 2, 3, 4, 5, 6, 7, 8 e 9, teve como fundamento a observação e a relação entre os números 1 e 2. As relações começaram a ter um grau maior de complexidade, e houve a necessidade de criar uma lista maior de algarismos e seus desdobramentos.

Com o advento das relações comerciais, organizou-se uma formalização da leitura, princípios mais elementares de contagens, criação de conjuntos de números, hoje organizados em:

> - naturais;
> - inteiros;
> - racionais;
> - irracionais;
> - reais e complexos.

Relembrando, no início do desenvolvimento metodológico, havia uma lista de conteúdos desenvolvidos que seriam contemplados:

> origem dos números;
> como se desenvolvem os princípios iniciais de contagem;
> suas representações numéricas.

Ocorreram as relações entre os símbolos de outros sistemas de numerações importantes na história em destaque: romano, egípcio e chinês, importantes pelos seus aspectos geográfico e histórico, facilmente relacionados a outras áreas do conhecimento. São fundamentos iniciais do trabalho. Vejamos alguns dos principais conteúdos a serem trabalhados em sala de aula.

2.7 DESENVOLVENDO A ARITMÉTICA COM OS NÚMEROS NATURAIS

A relação inicial do processo de ensino dos números naturais é a do conjunto. O aluno deve relacionar os números que fazem partem do sistema de numeração indo-arábico com seu grupo, determinado pela letra N.

Então, temos N = {0, 1, 2, 3, 4, 5, 6,...}. No desenvolver metodológico, o aluno deverá construir as relações existentes:

> sucessor e antecessor de um número;
> consecutivo;

> conjunto dos números pares;
> conjuntos dos números ímpares;
> relações existentes de igualdade e desigualdade.

Nesses conteúdos, seria interessante utilizar vários recursos, como o trabalho com textos, mídias, o uso de jogos, o computador. Pode-se fazer também relações possíveis com conceitos futuros a serem trabalhados e com os precedentes históricos, utilizando nomenclatura de séculos. É importante mostrar para o aluno que a Matemática não se relaciona apenas com as interações numéricas, e, sim, faz parte de todas as relações sociais, políticas e comuns a todas as áreas de conhecimento necessárias e fundamentais para o desenvolvimento do homem contemporâneo. Conforme indicam Lins e Gimenez (1997, p. 39), "O observável de nosso meio é aritmetizável, o que nos permite reconhecer uma estrutura por meio de números e operações. Embora o mundo real proporcione as bases para esse sentido, este se consolida no momento em que se aplica o conhecimento adquirido a novas situações do mundo real".

Os números naturais compõem uma estrutura linear do desenvolvimento da aritmética. Se situamos os números e as operações com números naturais, são eles a expressão mais viva da matemática nas nossas relações sociais. Logo, deve-se sempre ter como meta a utilização da lógica, os princípios dedutíveis e as demais habilidades que a matemática deve proporcionar ao educando.

2.7.1 OPERAÇÕES COM NÚMEROS NATURAIS

As quatro operações básicas da matemática que são construídas durante todo o processo do ensino fundamental têm seus alicerces definidos nos anos iniciais do processo de ensino e são claramente interiorizadas durante o ciclo inteiro. Suas generalizações e desdobramentos requerem, também, por parte dos planejamentos escolares, a inclusão do tema ponderando a retomada cuidadosa, inclusive de ação construtiva de conhecimento em cada ano letivo.

2.7.1.1 ADIÇÃO DE NÚMEROS NATURAIS

Se observarmos as operações que mais fazemos durante nossas relações sociais, perceberemos que a adição e a multiplicação são as mais utilizadas, e, durante a construção de conhecimentos matemáticos diversos, elas estruturam a solução de boa parte das situações-problema encontradas no ensino da Matemática.

Preparar um educando para o aprendizado da adição inclui a aplicação de atividades que visem à compreensão do sistema de numeração.

A adição parece ser assimilada como uma operação fácil, mas, na realidade, é complexa na sua construção. O educador deve estimular no aluno algum tipo de correspondência mental que facilite a operação já construída. Esse tipo de estímulo orienta as conexões necessárias para resolver a operação. A adição deve ser relacionada ao conceito de agrupamento e às relações práticas, e os problemas devem ser construídos a partir, principalmente, de aspectos que gerem curiosidade, sistematização, lógica e apropriação de sua *práxis*.

É importante expor também as relações das propriedades da adição, como:

> - a de fechamento;
> - a associativa;
> - a de elemento neutro;
> - a comutativa.

Tais conceitos e relações constroem novos aspectos de exploração indutiva, intuitiva e lógica, importantes também nas demais operações com números naturais, sejam elas relacionadas à adição, à subtração, à multiplicação ou à divisão, bem como seus desdobramentos no processo de ensino-aprendizagem.

2.7.1.2 MULTIPLICAÇÃO DE NÚMEROS NATURAIS

Apresentamos a multiplicação logo após a adição pois o conceito de adição deve ser trabalhado conjuntamente com o ensino da multiplicação.

Importante!

A soma de agrupamentos de parcelas, que também é a definição da multiplicação, requer o mesmo cuidado metodológico que a adição. As propriedades são as mesmas da adição, claro que com um enfoque também indutivo e lógico. É importante construir com os alunos as associações entre as operações de adição e multiplicação, principalmente em situações-problema, pois os alunos, na prática, quando apresentam dificuldades de aprendizado, confundem os conceitos de multiplicação com os de divisão.

Na multiplicação, temos uma diferença básica nas propriedades, e que é muito importante para o desenvolvimento metodológico no ensino dessa operação, que é a propriedade distributiva, que, por processos indutivos, lógicos auxiliam em muito o ensino desse conteúdo da Matemática.

Um recurso muito utilizado e com ótimos resultados é a utilização de um material idealizado pela médica e educadora italiana Maria Montessori, que se chama *material dourado*. Consiste em objetos, hoje em dia de madeira ou plástico, na forma de cubos, barras ou placas, em que se relacionam as unidades do sistema decimal e suas operações, tais como as aritméticas.

Para um bom desenvolvimento do processo de aprendizagem, seria de bom senso o aluno se apropriar, nos anos iniciais do ensino fundamental, de todas as habilidades da adição e da multiplicação de números naturais, principalmente no trabalho com problemas, pois nos anos finais do ensino fundamental isso será cobrado. No entanto, na prática, sabemos que esse processo necessita sempre das devidas retomadas de conceitos. O uso da tabuada também é um recurso que facilita muito o desenvolvimento do aluno que se apropria de seus fundamentos. De acordo com Lins e Gimenez (1997, p. 56), "Não há dúvida de que só há experiência educacional se há trabalho produtivo dos estudantes, e isso sugere fortemente a necessidade de apresentar problemas, histórias ou questões que surjam de algo palpável". Nesse discurso de Lins e Gimenez, notamos a importância de estabelecer no ensino da Matemática diversas possibilidades de construção de conhecimentos, principalmente que tenham como base a elaboração de hipóteses para qualquer que seja o conteúdo abordado. É importante que as operações com números naturais sejam trabalhadas em situações-problema, e que as suas aplicações sejam objeto de análise em todas as demais áreas do conhecimento, tornando o ensino pleno de significados e de qualidade.

> *O processo de educação é contínuo, as produções que os educandos realizam devem ter sequências contínuas com graus de maiores dificuldades.*

2.7.1.3 SUBTRAÇÃO E DIVISÃO DE NÚMEROS NATURAIS

A subtração e a divisão podem ser consideradas para o educador um complemento das operações de adição e multiplicação. Por mais que os alunos apresentem, geralmente, algumas dificuldades nessas operações, devemos destacar que muitas das lacunas geradas pelas operações de adição e multiplicação serão constatadas agora tanto na subtração e como na divisão.

As demonstrações em material concreto das operações de adição e de multiplicação serão as maiores aliadas do desenvolvimento metodológico do aprendizado da subtração e da divisão. Não podemos também fechar os olhos para o fato de que a velha utilização das regras usuais da divisão (nas quais o professor demonstra todas as etapas da divisão/subtração, a demonstração de modelos por fase de dificuldades) e da subtração deve estar também atrelada a situações-problema, em que o aluno, além de praticar as operações, consegue inter-relacionar o seu aprendizado ao contexto contemporâneo e disciplinar. A sugestão de encaminhamento metodológico é de trabalhar com o material dourado, com a resolução de problemas nos quais a linguagem diferencia a operação da adição da subtração, com jogos e brincadeiras, principalmente aqueles que têm pontuação.

> *É importante que o professor utilize diferentes formas de combinar os resultados; essa visão é importante por desenvolver o senso de criticidade do aluno, bem como por possibilitar a compreensão da operação e do procedimento adotado.*

No desenvolvimento das técnicas das operações de adição e de multiplicação, é importante incentivar o aluno aos processos indutivos e dedutivos encontrados nessas operações. A lógica utilizada para encontrar os resultados pelas operações inversas produz um aproveitamento qualitativo no desenvolvimento das habilidades de raciocínio necessárias para o ensino-aprendizado em Matemática.

No Capítulo 4, voltaremos a dialogar em relação às quatro operações, pois o processo de construção da adição inicia-se lá na educação, e é amplamente explorado em todo o percurso escolar do aluno no ensino da Matemática.

2.7.1.4 POTENCIAÇÃO E RADICIAÇÃO DE NÚMEROS NATURAIS

O desdobramento das operações básicas da aritmética é muito bem aplicado nos conceitos da potenciação e da radiciação.

Sabemos que a potenciação é um conteúdo abordado após os anos iniciais do ensino fundamental até o final do ensino médio. O conceito principal de **potência** é o da multiplicação sucessiva de fatores, no qual o fator utilizado denomina-se *base*. Como esses fatores são iguais, há uma forma diferenciada de utilizar a representação dessa multiplicação. Para tal conceito dá-se o nome de *potenciação*.

A metodologia para aprendizado da potenciação contempla o material concreto, as dobraduras, os encaminhamentos lúdicos, a utilização da calculadora, o computador, os *softwares* educativos e, principalmente, desenvolver o raciocínio de que a potenciação é uma multiplicação sucessiva de valores.

Na potenciação, são desenvolvidos alguns conceitos importantes, tais como:

> - números inteiros negativos;
> - expoente zero;
> - expoente um;
> - expoentes fracionários;
> - expoentes decimais;
> - expoentes irracionais;
> - propriedades da potência de mesma base: potência de produto, potência de quociente, potência de potência e potência de um produto.

Pense a respeito!

O educador deve lembrar que esses conceitos serão essenciais para um bom desenvolvimento do educando no ensino médio. As relações existentes desses conteúdos são abordadas em outras áreas do conhecimento, tais como ciências, estudo das línguas, geografia, história, arte, química, física, entre outras.

A **radiciação** é uma operação relacionada diretamente com a potenciação; o trabalho com esses dois conteúdos se dá paralelamente.

O processo de aprendizado da radiciação no começo dos anos finais do ensino fundamental se caracteriza pela relação direta da raiz quadrada por meio da multiplicação sucessiva de fatores, que é a potenciação. Nos anos seguintes, utiliza-se uma aplicação relacionada a alguns desdobramentos com números inteiros, decimais e racionais, e nos anos finais do ensino fundamental é que se exploram inclusive as operações envolvendo raízes com índices variados. Vale ressaltar que muitos livros didáticos têm limitado o desenvolvimento amplo dessas operações, abordando quase que exclusivamente a extração da raiz de diferentes índices e da racionalização.

Em sala de aula, e na vida diária, o aluno utiliza muito o recurso da calculadora para encontrar uma raiz – o computador também facilita esse cálculo. Há *sites* e programas que apresentam como encontrar a raiz de qualquer número, independente de o número ser originário de um quadrado perfeito (a raiz tem um resultado inteiro) ou não. Como utilizamos a raiz como processo contínuo da multiplicação, as relações com outras disciplinas são intuitivas. As lógicas para encontrar determinadas raízes fundamentam o aprendizado. A exploração pode se dar por meio de atividades concretas usando a multiplicação. Já a racionalização torna-se uma ferramenta específica para a resolução de problemáticas em que os resultados a serem encontrados se baseiam em regras e técnicas específicas.

Os conteúdos mais importantes dentro da racionalização são:

> as propriedades da radiciação;
> as operações envolvendo raízes, tais como adição, subtração, multiplicação e divisão de raízes;
> a racionalização.

2.8 MÚLTIPLOS E DIVISORES DE NÚMEROS NATURAIS

Um dos conteúdos que trabalham os aspectos de intuição e correlação são os múltiplos e os divisores de números naturais.

O desenvolvimento desse conteúdo deve partir de relações com as habilidades de raciocínio das operações de multiplicação, adição e conteúdos correlatos, tais como a potenciação e a radiciação.

O trabalho com números primos é desenvolvido a partir do conceito de que esses números são aqueles divisíveis por 1 e por eles mesmos. O educador pode elaborar uma lista com os números primos mais utilizados pelos alunos, o que os auxiliará em futuras resoluções de problemas.

No método tradicional, apresenta-se uma lista de números e suas relações com múltiplos e divisores. Na maioria das vezes, como essas relações não são construídas pelo educando, ele as esquece com facilidade. Utilizando uma lógica de construção coletiva, os educandos correlacionam fatores numéricos e montam os critérios específicos de múltiplos e divisores. Os máximos e os mínimos múltiplos comuns são desenvolvidos paralelamente com a necessidade presente e futura de terem fatores comuns, se bem que na prática os máximos divisores comuns são de pouco uso em futuras relações matemáticas, o que não ocorre com o mínimo divisor comum. A visualização da importância do aprendizado também se dará pela utilização de situações-problema, em que a metodologia "cola" as peças necessárias para o quebra-cabeça do aprendizado do ensino da Matemática.

> **Importante!**
>
> O educador deve ter, no mínimo, para um bom desenvolvimento metodológico, visão de fechamento, na qual sempre deve ser realizada uma atividade prática, construída com os alunos, atividades que sejam relevantes para suas relações sociais, que sejam interdisciplinares e que possibilitem uma visão crítica do conteúdo, da ciência e da construção do saber elaborado e permanente.

2.9 CRITÉRIOS DE DIVISIBILIDADE

Os critérios de divisibilidade são a lista de números que facilitam a operação de divisão. Há critérios específicos para saber se os números são divisíveis por determinados números. Lembramos que muitos livros apresentam regras para os números 2, 3, 4, 5, 6, 7, 8, 9, 10, 11, 13, 16, 17, 19, 23, 29, 31 e 49. Se perguntarmos essas regras para alguns alunos depois de certo tempo, dificilmente eles irão lembrá-las. A metodologia mais indicada para fugir dessa "decoreba" é dividir os alunos em grupos para que estabeleçam critérios de divisão por determinados números. Essa atividade estimula o raciocínio lógico, dedutivo, importante no conhecimento matemático.

2.10 FRAÇÕES

O contexto histórico das frações, oriundo da civilização egípcia (300 anos a.C.) e da importância do Rio Nilo nas atividades da agricultura, pode ser um bom início de diálogo com os educandos, que descobrem a importância das demarcações utilizadas na época, caracterizadas pelas estações mais chuvosas no Egito. Um bom exemplo é o das cordas que eram utilizadas em medições. As pessoas que esticavam as cordas eram denominadas *estiradores de corda*. Mas as sociedades logo tiveram de encontrar métodos mais fáceis para fracionar alguns comprimentos.

No desenvolvimento metodológico, como alguns alunos têm dificuldades para representar as frações (quebras) como unidades de medidas, teriam num exemplo como "comi 1/4 de uma *pizza*" a mesma representação de "comi 1/4 de unidades da *pizza*". Essa correlação mental pode auxiliar no aprendizado. Uma outra forma é relacionar as frações com as áreas da figura. Da *pizza* de 1/4, qual seria a razão da área restante? Podemos, assim, moldar nosso conteúdo também com as figuras geométricas.

Todas essas correlações são bons fundamentos para o trabalho com a modelagem matemática (análise de situações significativas nos conteúdos que possibilitam ao educando trabalhar com vários enfoques e temas da disciplina), que veremos no Capítulo 4.

É de praxe ter uma lista de conteúdos a serem trabalhados com as frações:

> definição de fração;
> leitura de frações;
> tipos de frações;
> propriedades das frações;
> equivalência de frações;
> simplificações de frações;
> comparações de frações;
> operações com frações: adição, subtração, multiplicação, divisão.

Pense a respeito!

Constatamos que esse conteúdo que é trabalhado desde os anos iniciais do ensino fundamental é um dos mais difíceis de serem assimilados pelos educandos. Onde está o erro na metodologia do aprendizado das frações no ensino da Matemática?

Podemos estabelecer alguns parâmetros que fundamentam o conteúdo e que podem nortear as dificuldades no aprendizado das frações, que são:

> as dificuldades de aprendizado das operações básicas da aritmética;
> muitos professores não contextualizam o aprendizado das frações, tornando o aprendizado sem significado;
> as operações envolvendo frações requerem raciocínio rápido;
> as regras ensinadas pelos educadores utilizadas para resolver as frações, principalmente adições e subtrações, requerem procedimentos metódicos;
> a linguagem da utilização das frações é pouco comum no linguajar dos educandos.

Então, como utilizar corretamente a metodologia para o ensino das frações? Muitas devem ser as possibilidades, principalmente aquelas que respondem às indagações sugeridas anteriormente. Vejamos algumas:

> Utilizar material concreto, como régua de frações, dobraduras, e até mesmo solicitar para os alunos levarem materiais para que sejam fracionados. Muitos professores utilizam *pizzas*, bolos, copos com refrigerantes, em que a função é correlacionar a ideia intuitiva das frações e suas relações.
> Contextualizar o ensino, buscando sempre o ensino com significado. A utilização de situações-problema deve proporcionar aos alunos uma real relevância no aprendizado das frações.

> Utilizar a interdisciplinaridade. A Matemática não pode ser vista no currículo como uma disciplina isolada. Em muitos momentos, outras áreas do conhecimento podem dialogar com a linguagem das frações.

2.11 FRAÇÕES E NÚMEROS DECIMAIS

O aprendizado das frações se aprofunda com a utilização e a conceituação dos números decimais. O educador deve ter como base de suas ações pedagógicas a inter-relação dos conteúdos. Essa visão facilita a compreensão de conceitos, teoremas e técnicas para solução de problemas.

Partimos do contexto histórico dos números decimais e encontramos os desdobramentos da utilização das marcações dos egípcios. Eles usavam, geralmente, o número inteiro 1 dividido em partes como 1/2, 1/5, 1/8. Os romanos, por exemplo, utilizavam o denominador 12. Deduzimos que a escolha desse número provém dos muitos múltiplos e divisores encontrados no 12. A nomenclatura atual foi desenvolvida no século XVI, na qual seus critérios e formas de leituras iniciaram as suas padronizações.

Como sabemos, muito da matemática desenvolvida naquela época era utilizado na astronomia, em que a preocupação com tais fenômenos e a interferência destes na vida cotidiana se davam por meio de cálculos nos quais a exatidão da matemática era essencial. Os números decimais começaram a ser muito utilizados para facilitar os cálculos, tornando-se uma ferramenta útil e com uma maior difusão quando da criação do sistema métrico decimal.

Segundo Lins e Gimenez (1997, p. 47),

> *A simbolização prematura de frações e decimais e a pouca insistência no valor variável da unidade em contextos diferentes, e o próprio fato de não se insistir em diversas situações possíveis, nas que se desenvolvem frações e decimais, são os fatores mais importantes de fracasso ou erro.*

Importante!

Podemos sempre trabalhar com o erro dos alunos; sabemos que é complexo o nível da compreensão de um aluno quando resolve uma problemática, e sempre será coerente insistir com o educando quando desenvolve uma resolução sem muito critério. A análise das possíveis dificuldades conceituais, juntamente com o educando, pode transformar um simples erro em um aprendizado concreto.

Na prática em sala de aula, utilizamos com muito maior frequência os números decimais do que os inteiros. A utilização do número com vírgula gera maiores dificuldades na operação de divisão, em razão das regras de transposição da vírgula e dos múltiplos que devem se alinhar entre divisor e dividendo, mas, como toda regra de matemática, esses conceitos se fundamentam nas operações básicas da aritmética (adição, subtração, multiplicação e divisão).

O encaminhamento metodológico das frações e dos números decimais deve proporcionar ao educando o entendimento de alguns conceitos importantes, que são:

> - a leitura dos números decimais e suas relações com os sistemas de medidas e com a moeda vigente no país;
> - as relações entre números inteiros e decimais;
> - as relações entre números decimais e frações;
> - as operações com números decimais envolvendo situações-problema.

Os principais conteúdos a serem trabalhados envolvendo frações e números decimais são:

> - o conceito de números decimais;
> - a leitura de números decimais;
> - a transformação de números decimais em frações, e vice-versa;
> - as propriedades envolvendo números decimais com a multiplicação e divisão por múltiplos de 10;
> - as operações com números decimais: adição, subtração, multiplicação, divisão, potência e raiz;
> - a comparação dos números decimais com inteiros e com os próprios decimais;
> - a utilização dos números decimais nas porcentagens.

O professor, em sala, quando estiver desenvolvendo qualquer conteúdo da Matemática e aparecer um número decimal, deve insistir na linguagem dos números decimais. Muitas vezes, encontramos alguns colegas fazendo uma operação utilizando a linguagem não apropriada para o aluno depois que o conteúdo de números decimais já foi trabalhado. A leitura de 2,7 como "dois vírgula sete" em uma operação praticamente sepulta o aprendizado significativo anterior. Ou seja, é importante acostumá-los a ler "dois inteiros e sete décimos". Parece algo insignificante, mas, durante a trajetória do ensino-aprendizagem, verificamos a falta de domínio dos alunos para a utilização correta da linguagem matemática apropriada.

É fácil encontrarmos um grande número de exemplos de interdisciplinaridade desse conteúdo e de como o professor de Matemática deve se apropriar de conceitos de outras disciplinas. Com certeza, algumas indagações os alunos irão fazer quando conceitos de números decimais forem utilizados de forma não muito correta.

Há várias formas de problematizarmos os números decimais. Podemos citar a sua utilização nas relações de compra de mercadorias, medidas que fazem parte do dia a dia do aluno.

Como as relações comerciais atualmente são mais agressivas e o *marketing* das empresas praticamente entra em nossas casas

Há várias formas de problematizarmos os números decimais.

sem pedir licença, encontramos com facilidade catálogos de vendas de mercadorias, sejam elas de farmácias, pequenas empresas, supermercados e outras atividades. Esses materiais podem ser instrumentos metodológicos para o desenvolvimento do aprendizado significativo dos números decimais.

2.12 NÚMEROS INTEIROS

As equações sempre foram objeto de estudo por parte de algumas ciências. A civilização europeia, no período de 1300 a 1650, iniciou um movimento denominado *Renascimento*, época na qual ocorreram progressos em diversas áreas, tais como na arte, na literatura e nas ciências.

Foi nesse momento histórico em que apareceram as letras que auxiliavam alguns cálculos elementares das equações. Eram respostas algébricas que auxiliaram o desenvolvimento dos métodos de resolução até hoje utilizados.

> Como representar os valores que estavam abaixo da escala do zero? Nas outras ciências, buscavam-se as mesmas respostas para indicar as forças contrárias que ocorrem em campos magnéticos. É claro que a ideia mais difundida e que se tornou mais necessária para a sociedade é a das relações do comércio para indicar perdas, ganhos, saldos. Por meio dessa necessidade, surgiram os conceitos e as linhas de aprendizado dos números positivos e negativos.

Os conteúdos mais importantes a serem desenvolvidos com os números inteiros são: conjunto dos números inteiros; reta numérica e módulo dos números inteiros.

As operações envolvendo os números inteiros são: adição, subtração, multiplicação, divisão, potenciação e radiciação.

Quando iniciamos com os educandos o aprendizado e as relações com os números inteiros, logo verificamos a falta do hábito de alguns dos alunos de tratarem desses elementos que parecem tão elementares para um adulto. Pesquisando em bons livros de metodologias utilizadas, suas vertentes são as mesmas, ou seja:

> relacionar atividades que desenvolvam as relações existentes entre os números positivos e os negativos, tais como movimentação dos saldos positivos e negativos nas transações comerciais e extratos bancários;

> correlacionar o tema com outras áreas do conhecimento, como a física nas escalas de temperatura, em ciências e geografia na utilização das medidas de um ponto da Terra em relação ao mar.

Na metodologia trabalhada com os números inteiros podem ser utilizados recursos diversos como jornais, revistas, computador e internet.

O chamado *material concreto* proporciona uma efetiva construção do saber. Encontramos uma vasta coletânea de exemplos que estabelecem uma ponte interessante no processo ensino-aprendizagem; podemos citar a apresentação de trabalhos em grupos que explorem o tema, de demonstração ou prática, até mesmo de interação com criação de histórias em quadrinhos, produção de vídeos pelos alunos, simulação de movimentação de conta bancária e outros que utilizam recursos midiáticos.

Segundo Brito (2005, p. 176):

> *Com frequência, os professores tendem a solicitar tarefas de solução de problemas utilizando o recurso de 'palavras-chave', que, via de regra, conduza uma produção rápida e fácil da resposta correta. No entanto, quando solucionam problemas unicamente por meio deste estilo de solução, estão sendo treinados e ensinados a usar estratégias superficiais.*

Sabemos que a maior novidade no desenvolvimento dos números inteiros é quando se trabalha com sinais matemáticos como, por exemplo, os parênteses. As regras de sinais geralmente muito focalizadas pelos professores apresentam algumas dificuldades de entendimento e lógica pelos alunos, mas, como é um assunto novo para estes, ao tratarmos constantemente desse conteúdo que irá acompanhá-los durante todo o ciclo de ensino, a compreensão se dará sem maiores dificuldades durante a trajetória escolar.

2.13 NÚMEROS RACIONAIS, IRRACIONAIS E REAIS

Os números racionais são aquele grupo de números que apresentam a mesma forma da fração com somatório dos sinais positivos e negativos. A sua aplicação e conceitos são construídos a partir da metodologia inserida no estudo das frações e dos números inteiros.

O chamado Q dos números racionais apresenta suas especificidades em relação aos conteúdos desenvolvidos. Vejamos os principais:

› a reta numérica;
› as operações com números racionais, tais como adição, subtração, multiplicação, divisão, potenciação e radiciação.

Todo número que pode ser inscrito na forma de fração é um número racional, como é o caso da dízima periódica[b]; já o irracional não pode ser escrito na forma de fração. Um exemplo de irracional é o número *pi* (3,141592653589793 238462643...).

Os números irracionais estão ligados diretamente à aplicação do famoso Teorema de Pitágoras[c], que nos proporcionou encontrar a raiz quadrada do número 2. Os números

---

b. Dízima periódica é um número escrito em forma decimal que, depois da vírgula, apresenta em determinado momento um algarismo em períodos repetidos. Exemplo: 1,345345345...
c. O Teorema de Pitágoras diz que em qualquer triângulo retângulo o quadrado da hipotenusa é igual à soma dos quadrados dos catetos.

irracionais são aqueles que não admitem forma de frações e, com base nisso, são desenvolvidos seus conceitos.

Geralmente no encaminhamento metodológico trabalha-se o número irracional a partir da estruturação de elementos da figura geométrica do círculo, que é o número *pi*, cujo valor aproximado é de 3,14159265358979323846264 3382 795.

Podemos construir atividades práticas para encontrar o número *pi*, tal como medir diversas formas circulares, em que se relacionam elementos do círculo, como diâmetro, raio e comprimento da circunferência.

O número real, de forma geral, é o conjunto que representa a somatória dos conjuntos inteiros, racionais e irracionais. Quando se trabalha cada conjunto específico, deve-se informar aos alunos que os conjuntos trabalhados de números inteiros, racionais e irracionais fazem parte de um grande grupo denominado *números reais*.

> Consulte na seção "Apêndices" os seguintes planos de aula referentes a este capítulo:
> › Plano de Aula 2: As 4 operações
> › Plano de Aula 3: Frações
> › Plano de Aula 4: Números inteiros
> › Plano de Aula 5: Números irracionais

SÍNTESE

Neste capítulo, apresentamos as competências e habilidades necessárias para um graduando em Matemática, os objetivos da disciplina, suas características diante das diretrizes curriculares e o início da sistematização dos conteúdos.

Num primeiro momento, expressamos nossa visão de mundo acerca dos conhecimentos aritméticos e suas principais divisões.

Abordamos os conteúdos principais, estabelecemos critérios metodológicos e apresentamos alguns modelos de planos de aula, com o objetivo de proporcionar ao educador algumas sugestões de encaminhamento metodológico.

INDICAÇÕES CULTURAIS

ATIVIDADES EDUCATIVAS. Disponível em: <http://www.atividadeseducativas.com.br/index.php?lista=matemática>. Acesso em: 20 abr. 2010.

Esse *site* disponibiliza brincadeiras, jogos e atividades de várias áreas do conhecimento. Para educadores de Matemática, propicia uma boa relação de títulos de vídeos, jogos, brincadeiras, atividades de lógica, raciocínio e experiências.

BRASIL. Ministério da Educação. Portal Domínio Público: biblioteca digital desenvolvida em *software* livre. Disponível em: <http://www.dominiopublico.gov.br>. Acesso em: 20 abr. 2010.

Este *site* disponibiliza vários tipos de mídias, como imagem, texto, som e vídeo, sendo que a busca pode ser realizada por categoria, autor, título e até idioma. Por exemplo, se você fizer a busca em vídeo, serão disponibilizados vários vídeos da TV Escola, podendo optar pela disciplina de Matemática.

ATIVIDADES DE AUTOAVALIAÇÃO

[1] Assinale (V) para verdadeiro e (F) para falso nas alternativas abaixo, referentes às competências e habilidades previstas no currículo do curso de graduação em Matemática:
- [ ] Capacidade de aprendizagem continuada, sendo a prática profissional também fonte de produção de conhecimento.
- [ ] Capacidade de estabelecer relações entre a matemática e outras áreas do conhecimento.
- [ ] Capacidade de compreender, criticar e utilizar novas ideias e tecnologias para a resolução de problemas.
- [ ] Habilidade de identificar, formular e resolver problemas na sua área de aplicação, utilizando rigor lógico-científico na análise da situação-problema.

[2] Em relação ao texto apresentado sobre as Diretrizes Curriculares de Matemática, assinale as alternativas corretas:

[A] O perfil do educando é apenas baseado na criticidade e na construção de raciocínios matemáticos.

[B] O conhecimento matemático possibilita ao educando uma melhor compreensão de sua consciência nas relações sociais, instrumentalizado pela apropriação de como descrever e interpretar as diversas formas de linguagens matemáticas.

[C] O conhecimento matemático é único, e suas relações com outras áreas do conhecimento são de difícil aplicação.

[D] A Matemática também tem como orientação transformar o aluno em crítico nas suas ponderações sobre a sociedade, a história, a política e a cidadania.

[3] Assinale (V) para verdadeiro e (F) para falso nas alternativas a seguir, referentes aos conceitos fundamentais da disciplina de Matemática desenvolvidos no capítulo:

[ ] Os conteúdos estruturantes do ensino fundamental são: números, álgebra e operações, medidas, geometria e tratamento de informação.

[ ] O ensino de Matemática utiliza a mesma metodologia nas suas diferentes modalidades, independentemente de os alunos serem crianças, jovens ou adultos.

[ ] Os principais enfoques da Matemática são as formas e as quantidades.

[ ] O ensino da Matemática envolve diversos saberes, os quais não são limitados à graduação do professor, pois estão relacionados a fatores contemporâneos, tais como o uso de tecnologias e os novos paradigmas sociais e de formação.

[4] Assinale (V) para verdadeiro e (F) para falso nas alternativas abaixo, referentes ao conhecimento e desenvolvimento dos princípios da aritmética:

[ ] Aritmética é o ramo da ciência da matemática que trabalha com os números, as operações e as relações existentes entre eles.

[ ] Não se considera como a base de todo processo aritmético o sistema de numeração.

[ ] A aritmética desenvolve seus conceitos a partir das quatro operações: adição, subtração, multiplicação e divisão.

[ ] Os elementos do sistema de contagem tiveram a necessidade de serem ampliados, pois as relações sociais e comerciais da sociedade ficaram mais complexas.

[5] Assinale a alternativa incorreta:

[A] No desenvolvimento do conteúdo de números naturais, é importante desenvolver com o educando várias formas de aprendizado utilizando recursos como trabalho com textos, mídias, uso de jogos e do computador.

[B] A metodologia para o aprendizado da potenciação envolve o material concreto, as dobraduras, os encaminhamentos lúdicos, a utilização da calculadora, o computador, os *softwares* educativos e, principalmente, o desenvolvimento do raciocínio de que a potenciação é uma multiplicação sucessiva, pois há nessa operação a utilização de fatores repetitivos.

[C] A visualização da importância do aprendizado também se dará pela utilização de situações-problema, em que a metodologia cola as peças necessárias para o quebra-cabeça do aprendizado do ensino da Matemática.

[D] A única forma de desenvolver o aprendizado da potenciação e da radiciação é pela utilização de regras, desconsiderando a utilização das calculadoras e outros processos para encontrar o resultado desejado.

[6] Assinale (V) para verdadeiro e (F) para falso nas alternativas a seguir, referentes ao processo de ensino-aprendizagem das frações:

[ ] Muitos professores não contextualizam o aprendizado das frações, tornando o aprendizado sem significado.

[ ] As operações envolvendo frações não requerem raciocínio rápido.

[ ] As regras ensinadas pelos educadores utilizadas para resolver as frações, principalmente adições e subtrações, requerem procedimentos metódicos.

[ ] A linguagem da utilização das frações é pouco comum no linguajar dos educandos.

[7] Assinale (V) para verdadeiro e (F) para falso. Sobre o conteúdo dos números inteiros é correto afirmar que:
[ ] se deve relacionar atividades que desenvolvam as relações existentes entre os números positivos e negativos, tais como movimentação dos saldos positivos e negativos nas transações comerciais e extratos bancários.
[ ] se deve correlacionar o tema com outras áreas do conhecimento, como a física nas escalas de temperatura, em ciências e geografia na utilização das medidas de um ponto da Terra em relação ao mar.
[ ] se deve iniciar a metodologia envolvendo números inteiros demonstrando as regras das operações e os desdobramentos do conteúdo para um melhor aprendizado do educando.
[ ] pela dificuldade de correlacionar o conteúdo com outras áreas do conhecimento, é importante fazer com que o aluno estabeleça um desenvolvimento do aprendizado por meio de situações-problema.

ATIVIDADES DE APRENDIZAGEM

QUESTÕES PARA REFLEXÃO

[1] Divida a sala de aula em pequenas equipes. Por meio de um sorteio, os grupos escolherão uma das operações envolvendo números inteiros ou racionais (adição,

subtração, multiplicação, divisão ou potenciação). Os alunos deverão produzir um vídeo da operação sorteada (esse vídeo deve conter uma situação-problema de um dos conteúdos citados, e a forma de produção do vídeo deve levar em conta a criatividade do grupo), podendo ser essa filmagem por meio de câmera digital, celular, filmadora, entre outros. Todos os alunos do grupo deverão participar da filmagem, sendo obrigatórios na produção a indicação da equipe e os dados de turma. Após a produção, o professor deverá assistir ao vídeo em sala de aula com os alunos, utilizando o material produzido para o desenvolvimento do aprendizado e também para uma futura retomada do conteúdo. Como há uma provável indicação de continuidade desse trabalho, o professor deve corrigir possíveis erros de produção e fazer algumas anotações para melhoria do trabalho do desenvolvimento da produção dos alunos.

[2] Pesquise e selecione textos que possam correlacionar a bicicleta com a matemática e outras áreas do conhecimento. Elabore cartazes com fotos do tema, exemplos, e discuta os principais resultados e as devidas conclusões com os alunos.

ATIVIDADE APLICADA: PRÁTICA

[1] Elabore e aplique um plano de aula que envolva as operações com números naturais, utilizando a mídia jornal. Não se esqueça de filmar ou fotografar a atividade e construir um painel de registro. Estipule uma atividade em grupo, indicando a forma de avaliação, a disciplina, a escola e o professor.

três...

Sistematização dos conhecimentos matemáticos

Refletimos no capítulo anterior sobre a necessidade de desenvolver contextos relevantes aplicados nas diretrizes curriculares. Mostramos a preocupação que o educador deve ter quanto à necessidade constante da pesquisa e, principalmente, da variação de metodologia para o aprendizado da educação matemática.

A abordagem deste capítulo é a prática pedagógica, em que há necessidade de criatividade no desenvolvimento dos conteúdos da Matemática. É relevante fazer com que os alunos realizem atividades em grupos, que levem à construção do saber por meio de problemática, criatividade, lógica, indução e que produzam informações relevantes para o seu aprendizado.

Dialogaremos sobre a importância dos conhecimentos da álgebra, da geometria, métricos, estatísticos, probabilísticos e sobre algumas formas de encaminhamentos metodológicos que podem auxiliar o educador na sua prática.

3.1 OS CONHECIMENTOS DA ÁLGEBRA

A matemática é uma das ciências que mais chamam a atenção do homem durante a história da humanidade. Teve início nos seus estudos elementares entre os babilônios, no período de 2000 a.C. Naquela época iniciou-se um dos maiores pilares de seus conhecimentos, que foi o estudo da álgebra.

Como já falamos no capítulo anterior, a aritmética é o ramo que fundamenta todo o ensino da Matemática. Esse período de início de estudo da álgebra é carregado com todos os conceitos da aritmética, "aritmética transformada numa álgebra bem estabelecida", conforme indica Struik (1997, p. 58), nas Diretrizes Curriculares de Matemática para a Educação Básica (Paraná, 2006, p. 51). A forma inicial de representação da aritmética era a de simbolismos gráficos de palavras, os chamados *ideogramas*.

> *A álgebra penetrou, durante a sua história, em várias das civilizações e culturas.*

A álgebra penetrou durante a sua história em várias das civilizações e culturas, destacando-se as culturas gregas, egípcias, chinesas, hindus, arábicas e as da Europa renascentista. Essas sociedades, no bojo de seus desenvolvimentos, possibilitaram uma leitura rica no aprimoramento e no desenvolvimento da álgebra. Podemos citar rapidamente algumas das suas colaborações principais, com o estudo da álgebra no Egito, na Grécia e na Europa.

A cultura egípcia desenvolveu a álgebra no mesmo período em que a babilônica. A utilização da estimativa era o proceder determinados tipos de equação que auxiliavam no desenvolvimento e no aprimoramento do sistema numérico. O que diferia a cultura egípcia da babilônica era o sistema aritmético dos babilônicos, mais avançado, enquanto os egípcios utilizavam, em sua maior parte, métodos geométricos para resolver cálculos algébricos.

O aprimoramento grego ocorreu pela influência de Euclides, que, por meio da geometria, aprimorou a aplicação de fórmulas com conceitos pitágoricos. Como parte das práticas de aprimoramento, muitos problemas babilônicos foram objeto do trabalho de Euclides.

A álgebra teve seu ápice no Renascentismo europeu. Tal conhecimento foi incorporado à cultura europeia e recebeu denominações diversas, como *álgebra, algèbre* etc. (Caraça, 2005; Paraná, 2006, p. 51). Muitos fatores proporcionaram esse melhor desenvolvimento, tais como o uso do sistema de numeração indo-arábico, que facilitou o processo das resoluções de equações; a padronização dos símbolos, alavancada pela criação da imprensa e todos os utilitários desse sistema; as grandes viagens, o desenvolvimento de novos mercados, aprimorando os conceitos econômicos e gerando a troca de conhecimentos, tecnologias e saberes.

A álgebra levanta voo nos séculos XVII ao XIX, proporcionando um desenvolvimento linear em face das necessidades oriundas das relações econômicas e do próprio Estado. As equações algébricas nasceram principalmente da utilização dos números negativos e do estudo das raízes.

No Brasil, conhecemos a álgebra a partir da construção dos periódicos didáticos produzidos na Europa no século XVIII e pela inclusão das disciplinas da Matemática, que foram a separação entre a álgebra e a aritmética. Já mencionamos a proximidade da álgebra com a aritmética, sendo que os conteúdos que sofrem muito essa influência são as operações básicas da aritmética e os números reais.

As articulações existentes entre os conteúdos de álgebra e aritmética acabam caracterizando o contexto do importante círculo matemático que constrói a matemática, não apenas nesses dois grupos de conteúdos, mas nos outros que estruturam o desenvolvimento da aprendizagem em Matemática.

Os conteúdos estruturantes da álgebra são aqueles que se relacionam com a aritmética, tais como as operações com números naturais e reais. Podemos dizer que há conteúdos transitórios com porcentagens, proporções, números decimais, aplicação da regra de três simples e da composta.

Temos de partir do conceito de números (aritmética) para construir os conceitos da álgebra que aprimoram o significado da matemática, por meio das seguintes habilidades, no ensino fundamental:

- aprendizado e conceito da utilização das incógnitas;

- aprendizado da utilização da linguagem matemática, utilizando letras na resolução de problemas;

- aplicação dos conceitos da linguagem matemática no aprendizado da resolução de equações numéricas e algébricas, inequações, sistemas de equações, equações do 2º grau, biquadradas e irracionais.

> **Importante!**
>
> Sabemos que todos os conteúdos da Matemática são entrelaçados, e as metodologias devem abordar as relações envolvendo os diversos conceitos sobre esses conteúdos. Como na álgebra aplicaremos conceitos de aritmética, geometria, tratamento da informação e outros mais, essa relevância é uma das premissas que devem proporcionar determinado significado para o educando.

3.1.1 DESENVOLVENDO OS PRINCÍPIOS FUNDAMENTAIS DA ÁLGEBRA

Sabemos que a entrada da álgebra no aprendizado dos educandos é uma mudança que implica algumas dificuldades. Os educandos que já apresentavam dificuldades na aritmética requerem, por parte do educador, um encaminhamento pedagógico criterioso para que as possíveis dificuldades de aprendizagem sejam superadas já no início da aplicação dos conceitos algébricos. De acordo com Polya (2006, p. 1),

"Um dos mais importantes deveres do professor é o de auxiliar os seus alunos, o que não é fácil, pois exige tempo, prática, dedicação e princípios firmes".

Uma leitura mais ampla das habilidades algébricas condiciona o educador a desenvolver uma ampla forma de avaliação desses conteúdos, pois, na prática, o aprendizado, principalmente para os jovens, requer uma experiência didática e metodológica do educador, em especial na questão da falta de atenção nessa idade escolar.

Vamos apresentar a seguir os principais conteúdos e detalhar alguns que estruturam a álgebra no ensino fundamental, seus objetivos, exemplos de encaminhamentos metodológicos e a sugestão de alguns planos de aulas.

Conteúdos

- Equação do 1º grau.
- Inequação do 1º grau.
- Sistemas de equações do 1º grau.
- Razões.
- Proporções.
- Regra de três simples.
- Porcentagens.
- Juros simples.
- Expressões algébricas.
- Monômios e polinômios.
- Produtos notáveis.
- Fatoração.

- Equação do 2º grau.
- Equação biquadrada.
- Equação irracional.
- Função afim.
- Função quadrática.

Objetivos

- Expandir e edificar nova abrangência dos números reais por meio da interpretação da linguagem algébrica;
- Exprimir dados contidos em tabelas e gráficos em linguagens algébricas e suas generalizações;
- Interpretar ações de acontecimentos cotidianos por meio de linguagem algébrica e encontrar resultados utilizando equações, porcentagens, proporções e funções;
- Compreender a utilização da linguagem algébrica em situações-problema.

3.1.1.1 EQUAÇÃO DO 1º GRAU

As equações do 1º grau começam a ser trabalhadas em sala de aula após os conteúdos de números inteiros ou negativos. Alguns materiais didáticos agregam também, antes das equações, os números racionais (utilizando os sinais). Os conceitos iniciais dos números negativos devem ser objeto de atenção e, quando necessário, devem ser retomados, pois isso facilita o desenvolvimento da estruturação metodológica das equações.

> A função de uma equação é propiciar ao educando a habilidade em estruturar os primeiros conceitos da álgebra em resolução de problemas. De acordo com Polya (2006, p. 159), "Resolver problemas é uma atividade humana fundamental. De fato, a maior parte do nosso pensamento consciente relaciona-se com problemas".

O trabalho com os conceitos da equação devem partir de problemáticas oriundas das relações construídas durante as aulas, de problemas do livro didático e, principalmente, de situações que explorem a curiosidade e os conhecimentos dos educandos.

Podemos ponderar que as regras para o aprendizado das equações, quando trabalhadas antes das problemáticas, facilitam o desenvolvimento da resolução de problemas, mas não constroem um saber elaborado. Seria a mesma mecânica ensinar a regra de multiplicação sem passar pelos problemas; logo, todo ensino da Matemática deve ser elaborado por meio de premissas que construam um determinado conhecimento.

As equações do 1º grau têm como base conceitos que o educando leva para todas as séries subsequentes; poderíamos dizer que é o conteúdo que mais terá influência no aprendizado correlacionado à disciplina de Matemática.

Vejamos, por exemplo, a resolução das equações do 1º grau: estão presentes em todas as demais séries, tanto no ensino fundamental quanto no médio. Na física as fórmulas de aplicação são simples equações do 1º grau; na química as grandezas, quando utilizadas, recaem em operações matemáticas que têm com a equação do 1º grau o conteúdo mais relevante, sem falar em incitações lógicas que os problemas desenvolvem utilizando as interpretações e as formas de conexões cognitivas que a matemática proporciona.

Há *softwares* para facilitar o aprendizado das equações, *sites* e vídeos que encontramos na *web* e que podem propiciar também uma forma atrativa do aprendizado das equações. Nos livros atuais, muitos utilizam a famosa regra do equilíbrio, caracterizando a igualdade como relação básica a ser construída. Tal argumento é válido como processo de entendimento, e também proporciona um efetivo aprendizado. Podemos aplicar metodologicamente os princípios da etnomatemática (ex.: uma problemática que abrange informações culturais de uma comunidade de imigrantes no Brasil), da modelagem matemática (ex.: os alunos identificam todos os conteúdos possíveis que estão contidos na equação e suas aplicações). É nesse momento que o professor deve estimular os alunos a aplicar o roteiro para resolução de problemas (veremos o conceito ampliado no Capítulo 4), que são a compreensão do problema, o plano, a execução do plano e a retrospectiva.

> Uma das estratégias utilizadas por professores de Matemática é a de que os educandos construam seus próprios problemas e apresentem, por meio das equações, os seus resultados. Essa também é uma forma de

> estimular o aprendizado, de construir novos saberes. A partir dos conceitos iniciados com o estudo das equações, o educador, nas séries seguintes, terá como encaminhamento metodológico os mesmos procedimentos já citados (retomados a cada nova caminhada), pois serão sempre utilizados nas demais séries.

3.1.1.2 INEQUAÇÃO DO 1º GRAU

Na equação, desenvolvemos, por meio da álgebra, a igualdade; já nas inequações o procedimento metodológico será o mesmo, apenas o que difere é que se aplica o conceito de desigualdade. Como a inequação é um conteúdo sucessor e correlato das equações, o nível de dificuldade de construção desse conhecimento é baixo, podendo o educador retomar as metodologias aplicadas nas equações e inclusive verificar o nível de aprendizagem que o encaminhamento anterior proporcionou. Poderemos ver, por exemplo, que, quando aplicamos novamente a modelagem matemática, a etnomatemática e a resolução de problemas, os alunos desenvolvem os conceitos com maior rapidez.

FIGURA 3 – DIFERENÇAS DE SINAIS ENTRE EQUAÇÕES E INEQUAÇÕES

EQUAÇÕES

INEQUAÇÕES

| = |

<	Menor
>	Maior
≤	Menor/igual
≥	Maior/igual

3.1.1.3 SISTEMAS DE EQUAÇÕES DO 1º GRAU

Outro conteúdo correlato, o sistema de equações possibilita que o educando amplie o conceito das equações, podendo com essa ferramenta matemática encontrar amplas possibilidades nas soluções com mais de uma *incógnita*.

Encontramos nos sistemas de equações alguns *insights* que já tinham sido contextualizados nas equações (ex.: o método de resolução das equações). O desenvolvimento do conteúdo tem como encaminhamento a formulação de problemas e a construção de várias formas de aprendizado, quer pelas técnicas disponíveis na Matemática (adição, substituição e comparação), quer pelos recursos didáticos e midiáticos.

> *O educando e o educador devem ter a consciência de que estão desenvolvendo conceitos importantes, imprescindíveis para o ensino da disciplina nas séries subsequentes do ensino fundamental e do ensino médio.*

Com base na modelagem matemática, costumamos dividir a sala em pequenos grupos e estipular um tema no qual se formulem conceitos e se apresentem soluções. Os alunos podem apresentar as soluções com qualquer procedimento matemático utilizando os sistemas de equações ou uma solução diferente daquelas previsíveis, podendo aparecer resultados obtidos pela lógica, por comparações, rascunhos incompletos e deduções. Os resultados para um ensino tradicional seriam frágeis, mas para o ensino baseado em uma realidade de construção do conhecimento são bons ganhos pedagógicos e de aprendizagem significativa.

3.1.1.4 RAZÕES E PROPORÇÕES

As razões e proporções matemáticas estimulam, principalmente, a noção espacial do aluno e a construção de raciocínio que utiliza a aritmética, a geometria e a álgebra, o que caracteriza fundamentos estruturais matemáticos duradouros e facilita as suas interações com outras áreas do conhecimento.

> Encontramos as razões em muitas áreas do conhecimento, tais como em geografia, química e, em se tratando de informação, português. Segundo Kishimoto (2005, p. 74), "A visão de que o ensino de Matemática requer contribuição de outras áreas de conhecimento e de que o fenômeno educativo é multifacetado é, para o professor de Matemática, algo recente e ainda, infelizmente, pouco difundido e aceito".

Pela modelagem, podemos construir conceitos de frações, velocidade média, probabilidade, correlatos com razões e proporções, além de apresentar o nosso corpo como referência para as proporções, o nosso movimento, o tempo e todas as demais grandezas que são relacionadas com a proporção. Uma definição próxima de proporção estimulada pelos próprios educandos é a de que elas são relações de igualdade, nas quais se atribuem valores lógicos determinados para se confrontar com formas parecidas e valores numéricos correlacionados.

3.1.1.5 REGRA DE TRÊS SIMPLES, PORCENTAGENS E JUROS SIMPLES

> Acreditamos que a regra de três simples, a porcentagem e os juros simples apresentam as características que mais se aproximam da *práxis* de qualquer educando, saindo das operações básicas dos números naturais. São três conceitos simples, com inúmeras formas de resolução, e que encontram nas relações econômicas e comerciais suas principais aplicações.

A porcentagem tem diversas formas de explicação; elas estão contidas, principalmente, na forma de operação com números fracionários, decimais. A utilização da porcentagem deve também ser feita com os princípios da regra de três, aliás, algumas problemáticas são resolvidas com muita facilidade por meio dessa relação de conteúdo. A regra de três parte de contextos de problemáticas em que geralmente são comparados o conceito de grandezas direta e inversamente proporcionais.

Muitos problemas que utilizam outras ferramentas da matemática podem, com a noção intuitiva e lógica, ser resolvidos com os conceitos da regra de três e proporções. Caberá ao educador, quando da resolução de problemas envolvendo outros conteúdos, mostrar essa multiplicidade de funções que principalmente a regra de três apresenta.

O conceito que visualmente traz características da matemática financeira para os alunos do ensino fundamental é o dos juros simples, geralmente trabalhado por meio de um simples formulário que aprimora o conceito de equação. Novos termos serão absorvidos pelos alunos, tais como o *capital*, a *taxa* e os *juros*. É importante que o educador propicie outras formas de resolução de problemas envolvendo juros. As tentativas devem levar principalmente às habilidades com a regra de três que apresentaram resultados muito próximos aos valores encontrados pelo formulário de juros.

Metodologicamente, o trabalho desses conteúdos, para serem atrativos para os alunos, deve ser apresentado com atividades concretas e que estimulem o senso crítico. Um exemplo é o de aplicação: são os trabalhos em grupos envolvendo a elaboração de planilhas de custo de fabricação de algum produto. Vejamos a seguinte estrutura de um problema: Deve ser feita a apuração do custo de um bolo em que os ingredientes serão calculados com base no preço pesquisado em mercados que tenham à venda aqueles ingredientes que realmente são utilizados na sua receita. Os alunos, por meio da apuração desse custo simples, apuram os percentuais utilizados para cada ingrediente, calculam os percentuais de cada ingrediente em relação à receita, demonstram os resultados a partir da construção, no computador, de gráficos, nos quais também farão a elaboração sugestiva do preço de venda do produto, de modo a estimar os conceitos de lucro ou prejuízo, podendo o educador relacionar ainda conceitos de educação fiscal. Outra aplicação muito importante é a utilização da régua para muitos cálculos da geometria. Essa metodologia é aplicada como uma forma de desenvolver habilidades com as proporções e com a regra de três e consiste naqueles problemas que propõem uma análise de desenhos para sua resolução. O educando é estimulado a utilizar padrões métricos e de comparações de suas dimensões dos desenhos, e por meio da regra de três estimar os valores procurados.

3.1.1.6 EXPRESSÕES ALGÉBRICAS, MONÔMIOS E POLINÔMIOS

As expressões algébricas, os monômios e os polinômios, que fazem parte inicialmente dos últimos anos do ensino fundamental, apresentam uma verdadeira coleção de regras utilizadas durante seu desenvolvimento. Claro que essa visão é fruto de relatos do discurso dos alunos; já para os professores, são conteúdos que exigem concentração, raciocínio e habilidades construídas por conteúdos afins, tais como as operações fundamentais com números naturais, destacando-se a potenciação, a radiciação e as dinâmicas da resolução das equações do 1º grau.

O trabalho em grupos, as atividades que proporcionam concentração, a utilização de lógicas, a construção de problemáticas coletivas e a modelagem matemática são instrumentos metodológicos que auxiliam o desenvolvimento desses conteúdos.

> *As expressões algébricas devem ser trabalhadas com a visão de agrupamentos das operações.*

As expressões algébricas devem ser trabalhadas com a visão de agrupamentos das operações. Os valores de incógnitas são aqueles que facilitam o maior entendimento do aluno, proporcionando uma relação mais atrativa com o concreto. Os problemas envolvendo os polígonos, por meio de medidas de superfície e de comprimento, devem estimular os alunos a relações com outros conteúdos da disciplina.

A maior dificuldade encontrada pelos educadores para o ensino desses conteúdos é a mudança muitas vezes radical da personalidade que alguns educandos nessa fase da vida apresentam. As questões de atenção e de conceitos disciplinares criam para alguns desses alunos barreiras para o aprendizado, as quais terão de ser superadas com metodologias variadas que muitas vezes deverão ser modificadas no transcurso das aulas. Para um educador consciente, é mágico verificar o desenvolvimento das crianças em relação ao seu comportamento em cada ano do seu desenvolvimento, por isso, quando se trabalha com essa clientela, é necessário entender essas características para que os resultados esperados não sejam conflitantes com as suas expectativas iniciais do planejamento e de sua prática docente: devem, sim, estar dentro de princípios pedagógicos claros e alicerçados em metodologias que criem estímulos para um bom desenvolvimento do ensino-aprendizagem. Poderíamos dizer que o educador de hoje, além de ter uma boa didática, conhecimento do conteúdo e metodologias variadas, terá também de ser um pesquisador para poder entender os jovens contemporâneos, que vão sempre apresentar valores diferentes atrelados ao desenvolvimento da época em que vivem. Para alguns educadores, é difícil aceitar esse paradigma, mas, para aqueles que são profissionais da educação, essa interação é obrigatória e condiz com a estratégia de ensino, que deverá sempre ser baseada nas realidades educacionais presentes.

3.1.1.7 PRODUTOS NOTÁVEIS E FATORAÇÃO

A multiplicação é o conteúdo que talvez mais exemplifique a ótica dos 7º e 8º anos do ensino fundamental; a operação caracterizada pela superposição da potenciação agrega conceitos que estimulam o raciocínio e a concentração.

Os produtos notáveis, em muitas situações, são ensinados por estratégias de memorização em que facilmente o resultado pode ser encontrado. Não somos daqueles que pensam que o ensino tradicional nesses conteúdos não funciona e representa uma metodologia imprópria para a construção de conhecimento; entendemos que, para os alunos que apresentarem dificuldades de aprendizagem, deve haver estratégias para que estes tenham acesso ao conhecimento e outras ações pedagógicas. Essas ações devem prezar pela experiência do docente e pelos encaminhamentos que obtiveram resultados positivos.

> Tanto a fatoração quanto os produtos notáveis são resultantes de multiplicação. O princípio básico desse desenvolvimento metodológico para esse conteúdo é que o educando aprenda as relações envolvendo polinômios e monômios, o desdobramento desses conteúdos nas frações algébricas e operações afins.

As técnicas metodológicas mais comuns para o desenvolvimento do aprendizado das fatorações e produtos notáveis são a modelagem matemática, que possibilita uma interação produtiva entre educador e educando na construção de problemas, o uso de planilhas que apontem as dificuldade dos alunos (essa técnica facilita que o educador tenha controle dos educandos que apresentam dificuldades e desenvolva metodologias próprias para o resgate de conceitos do conteúdo), a utilização de vídeos construídos por educadores que desenvolvam o tema e a utilização do laboratório de informática na demonstração de *software* educacional aplicado ao conteúdo. Já mencionamos que somos favoráveis à construção de vídeos, pelos alunos, que apresentem a resolução de problemas envolvendo o conteúdo com os objetivos de construir o raciocínio a partir da fala, do pensamento crítico e da lógica, e, principalmente, que esses vídeos possam auxiliar o educador na retomada dos conteúdos.

3.1.1.8 EQUAÇÃO DO 2º GRAU, EQUAÇÃO BIQUADRADA E EQUAÇÃO IRRACIONAL

As equações biquadradas, do 2º grau e irracionais já proporcionam alguns equilíbrios interessantes no desenvolvimento da aprendizagem do educando. Nessa fase do aprendizado – 9º ano do ensino fundamental – a concentração já está muito mais ativa em relação aos conteúdos que apresentam um número maior de raciocínio, podendo o educador utilizar problemas com grau de dificuldades que ampliem a construção do conhecimento na disciplina de Matemática. A habilidade construída pela arquitetura das equações biquadrada e do 2º grau estabelece elos de saber que o próprio educando começa a solicitar. A correlação com outros conteúdos fica mais fácil, o diálogo professor-aluno começa a gerar maior vínculo e as metodologias utilizadas tornam-se mais atrativas. As equações irracionais, que abrangem definições de equações e raízes, são importantes, pois relembram conceitos, equacionam muitas dificuldades de aprendizado anteriores, sendo que geralmente a maior dificuldade se encontra na aplicabilidade dos conceitos em problemas que geram significados para o educando.

Um conteúdo que abarca uma quantidade relevante de raciocínios a serem desenvolvidos deve ser bem preparado pelo educador, de preferência ser gradativamente apresentado aos alunos, com problemáticas que envolvam um nível maior de concentração, em que se aprimore o conceito de erro *versus* acerto e se possibilite uma leitura produtiva de conhecimento para o aluno, pois, quando chegar em determinados conteúdos que tenham uma abrangência maior, os resultados serão aqueles realmente esperados.

No uso da visão etnomatemática, a coleta de dados em outras áreas do conhecimento auxilia a construção da problemática, seja pelo tratamento ou construção da informação, seja pela modelagem matemática. As habilidades dessas operações possibilitam estratégias metodológicas ricas e ganhos fundamentais no desenvolvimento lógico e dedutível, garantindo uma efetiva prática pedagógica norteada pela interdisciplinaridade e aplicação de conceitos matemáticos.

No momento em que se aprende esse conteúdo o processo torna-se muito rico, pois o aluno já apresenta características para o ensino médio, e sua bagagem já começa aos poucos a definir suas aptidões futuras, fazendo com que o educador possa explorar alguns conhecimentos ainda não trabalhados, de forma harmônica.

3.1.1.9 FUNÇÃO AFIM E FUNÇÃO QUADRÁTICA

As funções agregam conteúdos gráficos e de equações, e os educandos desenvolvem os princípios de construção cartesiana juntamente com os algébricos.

Além da modelagem, as problemáticas nesses conteúdos são as opções mais utilizadas para a construção do saber. As resultantes apresentam a construção de um gráfico gerado pelas equações de 1º e 2º graus.

Os exames nacionais de aprendizagem exploram de forma contínua essa habilidade, pois sabem que os conceitos das funções podem ser trabalhados com qualquer área do conhecimento, pois exigem, além da habilidade matemática, interpretação.

Podemos utilizar jornais, livros didáticos de outras disciplinas, revistas diversas que auxiliem na produção de problemas em que os alunos construam situações reais, além de *softwares*, como o Geogebra[a] e outros, para estimular o conhecimento.

3.2 OS CONHECIMENTOS DA GEOMETRIA[b]

> A humanidade iniciou todo o processo de estudo das noções hoje conhecidas como *conceitos geométricos* desde que tomou contato com objetos e formas. Dessa maneira, não podemos precisar uma data real do início da sua utilização.

Sabemos que em 3000 a.C. a civilização egípcia, para mediar os conflitos relativos às demarcações visuais que separavam as permissões de terras naquela época – já que nas cheias do Rio Nilo ocorriam inundações que destruíam as demarcações –, criaram os chamados *esticadores de corda*, funcionários dos faraós que tinham como função demarcar as terras por meio de formas geométricas, conhecidas hoje como *retângulo* e *triângulo*.

---

a. Para saber mais sobre o Geogebra, acesse o seguinte site: <http://www.geogebra.org/cms/pt_BR>.
b. O conteúdo apresentado nesta seção foi elaborado com base em Paraná (2006).

O interessante desse fato é que esse conflito de delimitação da área do terreno era tão intenso que, no *Livro dos Mortos* (entre 1580 a.C. e 1160 a.C.), há relatos de que essa cultura provocava verdadeiros rituais, nos quais na morte haveria a necessidade de uma jura aos deuses de que a pessoa que possuía a propriedade da terra não usou de má-fé com o vizinho proprietário de terras. Essa jura era tida como importante, pois se comparava o uso da terra alheia ao crime de assassinato.

Destacamos na geometria a influência do matemático Tales de Mileto, no período de 500 a.C., em que suas formulações de cunho analítico foram utilizadas para medir distâncias entre a superfície terrestre em um período próximo às contribuições da obra de Euclides.

O grego Euclides, nascido no século III a.C., teve uma contribuição importantíssima nos conceitos hoje trabalhados nos bancos escolares. Sua obra *Elementos*, em 13 volumes, desenvolve conceitos comuns hoje explicados como definições da geometria. Vejamos duas definições básicas das contribuições construídas por Euclides:

> - representação da demarcação de uma reta sobre dois pontos quaisquer;
> - verificação da igualdade de todos os ângulos retos.

A matemática como ciência deve muito aos conceitos de Euclides, pois encontramos hoje na geometria a estruturação da geometria plana e espacial com seus padrões harmônicos de lógicas e formas.

Uma das ciências, braço da matemática, que utiliza muitos conceitos euclidianos, é a física. Alguns conceitos e aplicações em resolução de problemas são aplicados em diversos fundamentos da disciplina, principalmente quando desenvolvemos aplicações matemáticas.

A geometria analítica, emergente do século XVII, período em que a Europa vivia transformações de ordem política e social e principalmente a busca de novos saberes, trouxe algumas contribuições importantes para algumas indagações de que a matemática necessitava, tais como:

> - o cálculo em relação à distância entre dois pontos;
> - as relações entre as curvas, seus pontos de intersecção, entre outros.

A geometria não euclidiana teve seu ciclo desenvolvido a partir de meados do século XIX, e teve como impulso a necessidade de cálculos não solucionáveis pela geometria euclidiana, tais como o estudo da teoria da relatividade.

A geometria nos traz novos caminhos e procedimentos metodológicos em relação a outros conhecimentos matemáticos, principalmente na construção curricular dos conteúdos da álgebra, das medidas e da aritmética.

A geometria no ensino fundamental apresenta sua linha predominante de conteúdos estruturantes nas formas, propiciando ao educando criar e recriar a análise de percepção dos objetos, podendo ele estruturar conceitos para poder fazer uma correta representação.

Os conteúdos estruturantes da geometria para o ensino fundamental, segundo as Diretrizes Curriculares (Paraná, 2006, p. 55), são:

> geometria plana;
> geometria espacial.

Vamos, por meio da definição dos conteúdos estruturantes do ensino fundamental da geometria, apresentar alguns conteúdos nos quais se espera que o aluno aprenda as relações e entenda as seguintes habilidades e conceitos:

> Na geometria plana: conceitos fundamentais, como ponto, reta e plano, relações entre retas, tais como paralelismo, perpendicularismo etc.
> Nas figuras geométricas planas: estruturação dos conceitos de dimensão, formulação dos conhecimentos estruturais de cálculos de áreas, perímetros correlacionando suas unidades de medidas.
> A produção de gráficos, representações por meio do aprendizado das coordenadas cartesianas.
> Na geometria espacial: a estruturação dos conceitos dos sólidos geométricos e as relações das dimensões, tais como arestas, vértices, faces, áreas laterais e totais.
> Conceituação, definições e cálculos de volumes e dos prismas retangulares e triangulares e suas relações existentes com as unidades de medidas.
> Na geometria analítica: premissas iniciais utilizando plano cartesiano.

> Na geometria não euclidiana: priorização de conceitos da geometria projetiva, nos quais o aprendizado dos pontos de fuga são predominantes.

3.2.1 DESENVOLVENDO OS PRINCÍPIOS FUNDAMENTAIS DA GEOMETRIA

O aluno inicia seu processo de aprendizagem em geometria nos anos iniciais do ensino fundamental; a criança já desenvolve por meio do manuseio de objetos e formas um contato importante com a geometria, incrementando a Matemática escolar com a matemática real. No desenvolvimento espacial gerado pelos deslocamentos das crianças, como nas atividades cotidianas e escolares, o olhar, a medição e o manuseio de objetos são fundamentais para atribuir significados no ensino-aprendizagem da geometria.

Saindo desse primeiro ciclo, encontramos nos anos finais do ensino fundamental uma lista mais concreta de conteúdos que irão proporcionar um entendimento mais amplo das relações envolvendo a geometria com as outras áreas de conhecimento, bem como as definições mais amplas de conceitos matemáticos. Como ponto de partida metodológico, todo educador deve partir dos conceitos básicos da geometria, entrelaçando com os demais conhecimentos matemáticos, de modo a estabelecer diversas formas de aprendizado e possibilitar um efetivo desenvolvimento da aprendizagem em geometria. Conforme indica Brito (2005, p. 62), "Os estudantes devem ser levados a conhecer as propriedades básicas das figuras geométricas simples. É importante que os estudantes aprendam significativamente os conceitos geométricos necessários para se situar e entender o mundo tridimensional."

Como nos encaminhamentos utilizados nos capítulos anteriores, vamos apresentar alguns dos principais conteúdos das Diretrizes Curriculares de Matamática (Paraná 2006) que estruturam a geometria no ensino fundamental, seus objetivos, exemplos de encaminhamento metodológico e sugestão de alguns planos de aulas.

Conteúdos

> Formas geométricas planas e espaciais.
> Retas e ângulos.
> Polígonos.
> Triângulos e quadriláteros.
> Áreas e perímetros.
> Circunferência.

Objetivos

> Expandir e edificar nova abrangência dos números reais por meio da interpretação da linguagem algébrica;
> Exprimir dados contidos em tabelas e gráficos em linguagens algébricas e suas generalizações;
> Interpretar ações de acontecimentos cotidianos por meio de linguagem algébrica e encontrar resultados utilizando equações, porcentagens, proporções e funções;

> Compreender a utilização da linguagem algébrica em situações-problema.

A iniciação na geometria parte dos conceitos básicos de formas desenvolvidas nos anos iniciais do ensino fundamental; a utilização de caixa, o desenho, a planificação levam o educando aos primeiros contatos com as figuras geométricas.

Quando estudamos a geometria, não a separamos como uma área isolada do estudo da matemática; os demais conhecimentos e habilidades matemáticas são a ela atrelados. Por exemplo, a noção espacial estabelece um critério de visualização na geometria e um paralelo na aritmética, e assim por diante. Segundo Oliveira (1997, p. 74), "A aritmética lida com o fenômeno do agrupamento e para isto é necessário que tenha sido desenvolvida a noção espacial, visto que os objetos só existem dentro de um espaço determinado".

Os conceitos iniciais são os das formas planas e não planas, em que os educandos aprendem as características que as diferem. A possibilidade de diferenciar as superfícies redondas e retas é uma atividade, principalmente por meio do tato, que possibilita um aprendizado concreto. O uso de cola, tesoura e manipulações com a mão auxilia a coordenação motora e a visualização espacial dos objetos.

Uma das metodologias mais interessantes para esse ciclo é a coleta de caixinhas de remédios, embalagens de refrigerantes, latinhas e todos os tipos de embalagens descartáveis, que tem como objetivo para o educador aplicar os conceitos das figuras planas e não planas e também fundamentar os conceitos de reciclagem.

É importante realizar com os alunos, nesse momento, atividades como oficinas de construção de objetos com reciclagem e planificações partindo da visualização de figuras não planas para as planas. Há diversos *sites* que apresentam as diferenças entre as figuras planas e as espaciais. Há aplicativos de desenhos nos *softwares* instalados no computador que a criança pode utilizar para construir as figuras planas e transformar nas não planas. O uso da régua, do compasso, do esquadro, do transferidor é atividade de fácil aplicação e de motivação para os educandos, e pode ser feito em todos os anos de ensino fundamental, respeitando as habilidades inerentes às séries respectivas. A modelagem matemática pode ser utilizada para moldar desafios para os alunos, em que problemáticas serão construídas a partir de hipóteses sugeridas por alunos e professores, nas quais as construções de figuras sejam o objetivo principal.

3.2.1.1 POLÍGONOS, RETAS E ÂNGULOS

Partindo dos conceitos de figuras planas e não planas, o educando deverá aprender a distinção entre os grupos. As figuras planas terão o desenvolvimento do grupo dos polígonos, e as não planas terão seu desenvolvimento no grupo dos poliedros. O educando, construindo essa lógica de raciocínio, deverá apreender, seja pela construção das figuras, pelo manuseio ou pela pesquisa de figuras, a correta aplicação dos conceitos geométricos.

> *Devemos estimular os alunos a construir os conceitos dos polígonos e não polígonos.*

Devemos estimular os alunos a construir os conceitos dos polígonos e não polígonos, suas características e diferenças, criando um grupo de figuras que são polígonos e um grupo dos que não são polígonos. Um encaminhamento interessante é a utilização de palitos para a construção de conceitos em que se exploram a coordenação, a visualização e a noção espacial. Nessa atividade, o aluno representa o polígono de vários lados, figuras abertas e fechadas, com o uso de materiais como cola, cartolina e palitos. Antes de montar os grupos de polígonos, iniciam-se os conceitos elementares da geometria, que são os de ponto, reta e plano. São conceitos simples que devem propiciar ao educando, com o uso de *softwares* educativos, programas simples de computador ou com o simples uso da régua, a compreensão das relações entre segmentos, da simbologia dos planos, da definição do ponto, o uso correto da letra maiúscula ou minúscula, que são as representações de plano e reta.

Definimos o conceito de reta e transferimos para a *práxis* dos alunos alguns termos encontrados em diálogos presentes em informações de localização, como as ruas paralelas, perpendiculares e transversais. Um material interessante para trabalhar em sala são os mapas contidos na lista telefônica, que poderão ser um bom encaminhamento para a construção dos conceitos de reta e plano.

A elaboração de um trabalho em equipe com os alunos deve definir o conceito de polígonos regulares, que são aqueles que possuem os lados com a mesma medida. O uso do transferidor com uma nova unidade de medida, o ângulo, permite a construção do conhecimento a partir de conceitos mensuráveis.

Outro encaminhamento metodológico é a correlação de polígonos e ângulos. Podemos partir dos conceitos de ângulos e da utilização do transferidor. Por exemplo, uma figura de cinco lados poderá ser construída a partir da divisão do ângulo total do transferidor, que é de 360°, pelo número de lados. Vejamos que, nesse exemplo, os dois conceitos (polígonos e ângulos) são relacionados, e utiliza-se uma atividade concreta em que se usa o manuseio da folha de caderno, da régua e do transferidor para conceituar corretamente a definição de polígonos regulares.

Sabemos que o estudo dos ângulos não é algo simples, mas podemos utilizar uma estratégia que possibilite um estudo prazeroso para o educando e relacionado à sua vivência. Nas operações com ângulos, uma das maneiras de se trabalhar é estimular os alunos à resolução dos problemas com comparações mais simples, como estabelecer a comparação dos ângulos com o movimento dos ponteiros do relógio, os quais podem facilmente ser relacionados com a medida de seus ângulos.

Quando da utilização do complemento e suplemento de ângulo (os ângulos consecutivos, adjacentes, complementares, suplementares e opostos pelo vértice), é interessante criar, em conjunto com os alunos, uma tabela ou um quadro de definições. Essa prática facilita a absorção dos conceitos e aprimora seu desenvolvimento didático-metodológico.

A separação simbólica das famílias de polígonos, fixando-se principalmente nos polígonos de três lados (triângulos) e de quatro lados (quadriláteros), é abordagem necessária, pois serão objetos de aprofundamento em todas as séries dos anos finais do ensino fundamental.

Em muitos momentos, os conteúdos da geometria necessitam de conceitos algébricos. Para alguns alunos que não desenvolveram a contento muitas relações algébricas, pode-se trabalhar com alternativas didáticas e metodológicas. Uma forma de se construir o aprendizado é desenvolver os princípios lógicos de diversos elementos, tais como os ângulos e suas medidas. Possibilitar que o aluno faça as mesmas relações de que o educador geralmente se apropria para a resolução desses problemas é muito prazeroso para o educando. Os conceitos de reta e ângulo farão parte das relações dos conhecimentos geométricos que envolvem todos os tipos de triângulos e quadriláteros. Se o educando for estimulado a trabalhar com atividades que levem ao auxílio de problemáticas nas quais definem conceitos, terá como resultado a facilidade de relacionar com as diversas figuras geométricas, pois os quadriláteros e os triângulos serão amplamente discutidos e trabalhados com diversas variantes nos anos subsequentes, por meio de princípios algébricos, transformações de unidades, razões, proporções, teoremas, semelhanças, regra de três, relações sobre seus ângulos e demais conceitos.

3.2.1.2 ÁREAS E PERÍMETROS

Para tornar as definições de área e perímetro significativas, partindo das principais abordagens que trazem os livros didáticos, temos como opção interessante atividades que levem a uma prática alicerçada nas relações de medidas e resultantes.

Fazer com que o educando trabalhe com os objetos que estão a sua volta é uma boa opção metodológica. Exemplo disso é trabalhar com o conceito de área, principalmente a tradicional multiplicação em **L**, em que todas as lógicas são dedutíveis, inclusive se apropriarmos conceitos daqueles que trabalham na área da construção civil. Claro que devemos desenvolver a correta aplicação de como chegar aos resultados das diversas figuras geométricas usando as operações e envolvendo os números reais. O uso da trena, da régua, da fita métrica e da calculadora é recurso indispensável, pois, além de práticos, são instrumentos significativos para os conceitos matemáticos a serem desenvolvidos. A confecção de produtos, tais como caixas para enfeites, sachês de formas geométricas, *pizzas* quadradas e retangulares, entre outros que levem os alunos a se apropriar de conceitos de perímetros e áreas correlacionados com a moeda correta, pode ser estimulante e trazer significados para os alunos, pois propicia uma visão real da aplicação da Matemática. Estão contemplados nesses conteúdos o trabalho de disciplinas afins, como Geografia, História, Artes, Ciência, Português, Educação Física, entre outras. Na Educação Física, por exemplo, podemos construir conceitos de áreas e perímetro a partir das medidas do espaço destinado à prática esportiva nas diversas modalidades.

3.2.1.3 CIRCUNFERÊNCIA

Quando estudamos os conceitos inerentes ao círculo, que é a região interna da figura, e à circunferência, que é o contorno, aplicamos os mesmos conceitos e metodologias de perímetro (contorno) e área (região interna da figura). Temos nesse conteúdo a caracterização dos números irracionais com o número *pi*. A aplicação da metodologia inicial é a dos componentes do círculo e da circunferência, tais como o raio e o diâmetro.

As relações algébricas envolvendo esses conteúdos são, de forma geral, fáceis. As aplicações dos conceitos das retas tangentes e secantes abrangem noções espaciais importantes no contexto de aprendizagem que devem construir todos os objetivos desse importante conteúdo na Matemática.

Um encaminhamento de atividade interessante é solicitar aos alunos que tragam objetos de diversas formas circulares para construir o conceito do número *pi*, e, por meio desse número, pedir que calculem o perímetro da circunferência, que é seu comprimento.

A modelagem matemática contribui para o arranjo metodológico da circunferência e do círculo. Podemos construir inúmeras possibilidades de teias de aprendizado, pois os conceitos desses conteúdos são exemplos típicos da Matemática, como a forma de uma lagoa, em que serão utilizados o perímetro e a vazão das águas, a construção de figuras, a posição do corpo no *ballet* e nos elementos essenciais dos espaços das modalidades desportivas. Outra atividade é problematizar as pedaladas de uma bicicleta com a distância percorrida; é estimulante para os alunos relacionar o tamanho do pneu com a distância percorrida, pois se cria um ambiente lógico, analítico e reflexivo no aprendizado.

> *A modelagem matemática contribui para o arranjo metodológico da circunferência e do círculo.*

3.2.1.4 TRIÂNGULOS E QUADRILÁTEROS

Os princípios metodológicos básicos do ensino dos conteúdos que são desenvolvidos utilizando as figuras de três e quatro lados são uma constante volta às definições básicas da geometria, tais como ponto, reta, plano e ângulos. Quando o educador trabalhar com o conceito de retas paralelas e perpendiculares, conceitos correlatos irão aparecer nas razões de dois segmentos, que serão aplicados mais tarde nos triângulos e também nos quadriláteros. Com certeza, essa é a forma mais simples de conceituar a modelagem matemática. Os conteúdos irão se apresentar de forma linear, simples e mais contundente para o aluno, com significados e de modo mais atrativo. A sugestão metodológica é que os conteúdos sejam tratados dessa forma. Por exemplo, do conceito de paralelismo podem ser apresentados os diversos tipos quadriláteros e suas relações de lados e ângulos, de forma que o aluno diferencie conceitos e aplicações.

A geometria poderia ser um capítulo à parte da matemática, pois é extremamente lógica e indutiva. Quando o professor começa a desenvolver conteúdos específicos da geometria, tais como o Teorema de Tales e o de Pitágoras, há princípios básicos metodológicos que podem estimular o aprendizado. Já na história da matemática, ao analisar as premissas de Pitágoras, os educandos poderão argumentar sobre diversas formas e possibilidades de como chegar aos resultados; assim, muitos dos problemas de aplicação de um teorema específico podem servir como base para cálculos em proporções e estimativas de resultados totalmente plausíveis, dos quais se destaca a concepção de conhecimento matemático da tentativa.

Claro, perguntamo-nos como fazer essas relações com alunos. A resposta poderia ser a seguinte: explorando a lógica e a indução dos diversos conteúdos da geometria. Um exercício do Teorema de Pitágoras, por exemplo, pode ser resolvido por um aluno de uma forma totalmente diferente da usual e com valores muito próximos da realidade. Caberá ao professor estabelecer um elo entre o teorema e a resposta encontrada pelo educando, fazendo com que este resolva outra problemática com a mesma técnica. Se os resultados forem próximos, novamente terá o educador a possibilidade de ampliar conceitos matemáticos do aluno e tentar, com base na lógica empregada por ele, buscar na Matemática o conteúdo que ele utilizou para encontrar a solução do problema.

> Os conhecimentos matemáticos são divididos, mas não devemos trabalhá-los de forma isolada, pois todos são relacionáveis entre si. O educando deve ter em mente o conceito de que qualquer problemática apresentada tem solução; o que ele necessita é saber qual daquelas ferramentas (conteúdos) apreendidas durante o aprendizado da educação matemática resolverá o problema. Poderá ele experimentar diversas ferramentas, sendo que algumas resolvem o problema e outras não; logo, ele perceberá que, quanto mais conteúdos assimilados, melhor será a qualidade da sua caixa de ferramentas.

3.3 OS CONHECIMENTOS DAS MEDIDAS

Temos em mente que em algum momento da Pré-História o homem buscou estabelecer critérios para quantificar e medir dados. Com isso, em diversas partes do mundo, nominaram-se grandezas e estipularam-se valores, sejam eles de tempo, capacidade, massa, temperatura, monetários, entre outros. Segundo Silva (2004, p. 35), "A ação de medir é uma faculdade inerente ao homem, faz parte de seus atributos de inteligência".

As sociedades, através dos tempos, produziram vários materiais de cunho científico, e os doutos de todas as épocas iniciaram o estudo de variantes numéricas, muitas vezes sem uma comparação existente. Como resultado desse estudo, estabeleceram novas medidas, novas grandezas.

Outro motivo para o surgimento de novas relações de grandezas de medidas foi a evolução das relações comerciais.

O ato de comprar e vender e o desenvolvimento de outras ciências, como a medicina e a química, possibilitaram a necessidade de definir alguns padrões de quantidade necessários para o advento de invenções nas quais foram surgindo as unidades de medidas[c]. Um exemplo claro disso é o da nossa sociedade contemporânea, quando da criação do computador, que gerou novas unidades, tais como os – hoje, a velocidade da conexão da internet é medida em mbps.

Com o passar do tempo, as próprias sociedades tiveram necessidade de padronizar as grandezas, e essa preocupação foi discutida e concretizada no final do século XVII, na França. Ficou decidido pela unificação de algumas das grandezas: primeiramente unificaram as medidas de capacidade (litro), massa (quilograma) e comprimento (metro). Mais tarde se unificaria um padrão internacional para todas as medidas, surgindo, então, o Sistema Internacional de Medidas, que estabelece quais são as grandezas e suas unidades utilizadas para quantificar e medir determinados dados numéricos. Vejamos algumas dessas padronizações porque algumas dessas unidades não são usuais em determinados países. Neles, há a necessidade de transformações que utilizam princípios e métodos respectivos.

---

c. As medidas podem ser consideradas um dos principais fatores que sustentaram e fortaleceram as sociedades em razão das relações estabelecidas por meio das compras e vendas, pela criação dos padrões que mensuram a produção e pelo suporte dimensional para as ciências e a tecnologia (Silva, 2004).

QUADRO 1 – PRINCIPAIS UNIDADES DO SISTEMA INTERNACIONAL DE MEDIDAS

Grandeza	Unidade	Símbolo
Capacidade	Litro	l
Massa	Quilograma	kg
Comprimento	Metro	m
Tempo	Segundos	s
Temperatura	Kelvin	k

No processo ensino-aprendizagem, os educandos necessitam estabelecer várias relações existentes entre essas grandezas. Por exemplo: um visitante chega a um país que utiliza a escala Fahrenheit (símbolo: °F). Esse visitante, para fazer analogia à temperatura de seu país de origem, que é a da escala Celsius (símbolo: °C), necessita fazer as devidas conversões da medida. Esse aprendizado (novo para os alunos), além de estabelecer um novo vocabulário, aumenta o aprendizado do desenvolvimento científico, tecnológico e de culturas de diversas sociedades.

Os conteúdos estruturantes relacionados às grandezas e às medidas no ensino fundamental são os seguintes:

Quanto ao sistema

› Monetário.

Quanto às medidas

› Comprimento.
› Tempo.

> Massa.
> Derivadas: áreas e volumes.
> Ângulos.
> Temperatura.
> Velocidade.

Quanto à trigonometria

> Relações métricas do triângulo retângulo.
> Relações trigonométricas nos triângulos.

3.3.1 DESENVOLVENDO OS PRINCÍPIOS FUNDAMENTAIS MÉTRICOS

O educando, desde os anos iniciais do ensino fundamental, começa a relacionar diversas informações relativas ao sistema métrico existente, seja pelo manuseio de objeto, seja desde cedo pela utilização de formas de contagem da moeda, ou, ainda, descobrindo o próprio corpo mensurando tamanhos, formas, deslocamento, noção espacial do tempo e relações de maior e menor.

"É importante que os estudantes se tornem familiarizados com os diferentes sistemas de medidas e sejam capazes de efetuá-las tanto no sistema métrico como em outro sistema". (Brito, 2005, p. 62)

Nos anos finais do ensino fundamental, quando o aluno já interioriza muitos desses fundamentos, o aprendizado torna-se mais concreto. A passagem para o ensino médio levará o aluno ao aprendizado de novas unidades de medidas, conceitos e metodologias, proporcionando significados diferentes, abordagens desafiadoras com conexões com diversas áreas do conhecimento, estimulando o desenvolvimento das habilidades para sua formação crítica e cidadã.

Apresentamos a seguir objetivos e alguns dos principais conteúdos relacionados ao sistema métrico, além de exemplos de encaminhamento metodológico e planos de aulas, que têm como objeto de reflexão o nosso ponto de vista construtivo para tornar uma aula mais atrativa, com significado e, principalmente, estimulando a utilização de recursos didáticos e midiáticos existentes para um concreto desenvolvimento da aprendizagem.

Conteúdos

> Sistema monetário e ângulos.
> Unidades de comprimento.
> Unidades de capacidade.
> Relações métricas do triângulo retângulo.

Objetivos

> Analisar, reconhecer, fazer analogia e interpretar os conhecimentos métricos nas situações-problema que envolvem o seu cotidiano. Exprimir dados contidos em tabelas e gráficos em linguagens algébricas e suas generalizações;
> Transformar, relacionar, identificar e selecionar informações que sejam necessárias para o trato das quantificações das unidades métricas;

> Resolver problemáticas envolvendo conhecimentos aritméticos, algébricos, geométricos, probabilísticos e estatísticos por meio das relações métricas e aplicações, bem como utilizar recursos tecnológicos e midiáticos para o desenvolvimento de ensino-aprendizagem dos conhecimentos métricos.

3.3.1.1 SISTEMA MONETÁRIO

Um exemplo de encaminhamento metodológico utilizado é aquele em que a escola usufrui de seu espaço físico para a construção de pequenas cidades, nas quais são construídas verdadeiras simulações de administrações públicas, farmácias, mercados etc. São estabelecidos cargos e responsabilidades para os alunos que, partindo da observação dessa prática pedagógica de cidadania, têm relações de comércios em que se aprende a trabalhar com a moeda de forma responsável, e atrelando as relações com as operações com números decimais e naturais.

Trabalhar com o sistema monetário é trazer um verdadeiro significado ao aprendizado perante as relações futuras que serão inseridas no contexto do educando e que a sociedade exige. Um exemplo são as feiras, as oficinas construídas pelos alunos com auxílio do professor, nas quais as relações existentes com a utilização da moeda corrente são encaminhamentos sugestivos para um excelente ensino-aprendizagem desse conteúdo. A utilização de papel-moeda, simulando os valores, também é importante, principalmente fazendo uso do troco e da mensuração estratégica para a criança e o jovem, evidenciando a importância de poupar. Na mesma linha de desenvolvimento metodológico, o trabalho com os chamados *encartes de mercados* nos quais se trabalha os princípios matemáticos das compras à vista e a prazo, é um recurso muito utilizado em sala de aula, e apresenta resultados positivos no aprendizado do sistema monetário.

3.3.1.2 UNIDADES DE COMPRIMENTO E CAPACIDADE

As unidades de medidas são as utilizadas como principal estratégia metodológica à experiência, à modelagem e às diversas possibilidades de medir formas, figuras e objetos condicionados a uma unidade de medida.

O desenvolvimento metodológico das unidades de capacidade será o de relacionar, principalmente, as unidades de litros e mililitros, por meio, inicialmente, da comparação entre os cilindros pequenos e os maiores, e depois construindo o conteúdo sistematicamente, encontrando o volume de sólidos geométricos e fazendo as devidas conversões entre as unidades de comprimento e as de capacidade.

Um exemplo clássico metodológico é a problemática de fazer com que os alunos produzam objetos de formas geométricas e façam suas devidas anotações de medidas. Os alunos devem encher de água uma jarra medidora de volumes em litros e mililitros e construir as devidas relações.

> ## Importante!
>
> O ensino das unidades de comprimento durante todo o processo do ensino fundamental deve ser atrelado às unidades de superfície. Inicialmente, trabalhamos com os educandos medidas que desenvolvam a noção espacial, tais como medidas pequenas utilizando o centímetro e o milímetro, medidas médias utilizando o metro e as maiores medidas utilizando o quilômetro. Tradicionalmente, as medidas do corpo são comparadas (comprimento das mãos, das pernas, altura do corpo), como também as medidas de objeto etc. As relações entre comprimento e largura fundamentam as estratégias de ensino-aprendizagem da unidade de comprimento.

As relações estimulam novos conceitos, tais como a soma dos lados das figuras (perímetro) e a região interna das figuras (áreas). As problemáticas, quando trabalhadas, estimulam um aprendizado muito significativo, que deve ser finalizado com construções práticas desse conhecimento, como a área da sala de aula, o perímetro de objetos presentes na escola, podendo ser calculada a área da cancha esportiva da escola e quanto seria gasto para pintar uma sala com base em determinado orçamento. São atividades que, de posse de uma trena ou régua e calculadora, facilmente os alunos encontram seus resultados. Vejam, menciono o uso da calculadora, pois é uma tecnologia que tem como função dinamizar os cálculos matemáticos, e, acredito que, nas atividades de construção do conhecimento e modelagem, os alunos devem utilizar estratégias que assegurem rapidamente seus resultados, tornando o ensino mais estimulante.

3.3.1.3 RELAÇÕES MÉTRICAS DO TRIÂNGULO RETÂNGULO

Falaremos do desenvolvimento metodológico das relações métricas do triângulo retângulo a partir do trabalho das razões trigonométricas, cuja abordagem é pela investigação de problemáticas.

Conceituar as razões seno, cosseno e tangente permite que o educando construa o aprendizado da resolução de problemas envolvendo triângulos retângulos e aprimore o aprendizado da leitura das tabelas trigométricas e os conceitos de ângulos e suas medidas, equações e relações de medidas.

A metodologia mais significativa é aquela produzida por meio da resolução de problemas, nos quais desenvolvemos o conceito das razões e estabelecemos com os educandos qual das razões é utilizada para resolver determinados problemas envolvendo triângulos retângulos. Fica claro que os problemas, nessa fase, têm a função de estimular o raciocínio lógico, principalmente porque as atividades são resolvidas com mais de uma ferramenta da matemática, em que, muitas vezes, as razões são resolvidas em conjunto com conceitos de racionalização, operações com números naturais e estimativas.

3.4 OS CONHECIMENTOS ESTATÍSTICOS E PROBABILÍSTICOS

O aprimoramento do Estado como gestor das finanças públicas estabeleceu a necessidade da utilização de ferramentas matemáticas que propiciassem uma demonstração qualitativa de dados relativos à sustentabilidade do sistema. Surgiram as informações estatísticas, os dados populacionais e econômicos trazidos pela contribuição da matemática na sociedade.

Valemo-nos dos dados referentes a 3500 a.C. Heródoto utilizou, no período da civilização egípcia, determinados levantamentos sobre quantidade de riquezas existentes naquele Estado, com o objetivo de verificar uma forma de planejamento financeiro e de pessoal para construções de pirâmides. Já no século XVII, o Estado começa a utilizar dados de controle financeiro por meio de informações de casamentos, nascimentos, óbitos e empregabilidade.

O campo de aplicação da estatística se ampliou através dos anos, influenciando várias outras ciências, estabelecendo critérios, mapeando informações, apresentando generalizações estratégicas no controle do Estado. As outras áreas do conhecimento beneficiadas com o advento da estatística foram a física, a genética, a medicina, a biologia, a educação, a meteorologia, a astronomia, entre outras. Também se beneficiaram as estruturas econômicas existentes nas sociedades, como a indústria, o comércio e os serviços.

> A matemática do "acaso", conhecida como *probabilidade*, teve seus estudos preliminares oriundos das observações de um jurista chamado Pierre de Fermat, que produziu muitas anotações científicas amadoras, mas de relevância no contexto da aplicação dos conceitos futuros da probabilidade.

A probabilidade teve destaque na área de análise de realidades em jogatinas, nas quais se destacavam os jogos de azar, como cartas, roletas e dados. A área tem como maior objetivo quantificar a possibilidade de ocorrência de determinado evento.

A estatística e a probabilidade são conteúdos afins, pois fazem parte de um contexto interpretativo de análise de fatos, informações que produzem resultados objetivos utilizados em todos os ciclos do ensino. No ensino superior, é facilmente encontrada nos currículos de graduação, utilizando conceitos mais amplos, partindo muitas vezes da elaboração de planilhas e tabelas, proporcionando um aprendizado analítico independente da área trabalhada.

3.4.1 DESENVOLVENDO OS PRINCÍPIOS FUNDAMENTAIS ESTATÍSTICOS E PROBABILÍSTICOS

Como os currículos apresentam uma diversidade de enfoques, variando de região para região do país, se a probabilidade e a estatística fossem objeto de uma análise mais profunda, estariam certamente contidas internamente em uma quantidade razoável de conteúdos trabalhados na totalidade das séries da educação básica.

Nosso diálogo relativo aos princípios fundamentais dos conteúdos da estatística e da probabilidade parte desse pressuposto sobre a absorção desses conceitos, correlacionados com boa parte do ensino-aprendizagem da Matemática. Justifica-se inserir como proposta metodológica os fundamentos estatísticos e probabilísticos em face das seguintes ponderações:

> *Em todas as séries do ensino fundamental são desenvolvidos os temas estatísticos e probabilísticos.*

> O desenvolvimento da criticidade pelo educando relacionado à resolução de problemáticas que abordem sua *práxis*, as relações sociais, políticas e econômicas existentes na sociedade. Segundo Brito (2005, p. 60), "O aluno precisa ser capaz de transferir aquilo que aprende em sala de aula e o professor precisa relacionar o conhecimento da matemática presente nas diversas situações que os indivíduos enfrentam no dia a dia";

> O alargamento de ferramentas de ascendência nas soluções de decisões, quando de posse de informações e dados estatísticos e probabilísticos;

> O aumento do nível crítico das informações filtradas, dispondo de elementos que estruturam melhor um discurso abrangente, analítico e crítico do educando.

Segundo as Diretrizes Curriculares de Matemática (Paraná, 2006), "O Tratamento da Informação é um conteúdo estruturante que contribui para o desenvolvimento de condições de leitura crítica dos fatos ocorridos na sociedade e para interpretação de tabelas e gráficos que, de modo geral, são usados para apresentar ou descrever informações".

Esses conteúdos estruturantes têm como finalidade possibilitar ao educando uma apreciação mais detalhada dos acontecimentos inseridos na sociedade. As estratégias metodológicas desses conteúdos utilizam a construção e interpretação de gráficos, cálculos, tabelas e a descrição de dados e investigações coletadas sobre uma determinada problemática.

Conforme indicam Wodewotzki e Jacobini (2004, p. 233), "É o estudante que busca, seleciona, faz conjecturas, analisa e interpreta as informações para, em seguida, apresentá-las para o grupo, sua classe ou sua comunidade".

De forma geral, os conteúdos relacionados nessa área do conhecimento são os seguintes:

> noções e probabilidade;
> estatística;
> matemática financeira.

Vamos apresentar, a partir de agora, os objetivos do estudo no ensino fundamental dos conhecimentos estatísticos e probabilísticos, uma lista dos principais conteúdos dispostos, com base em exemplos de encaminhamentos metodológicos, e a sugestão de alguns planos de aulas.

Conteúdos

› Estudos dos gráficos.
› Análise de tabelas.
› Média aritmética simples e composta.
› Moda.
› Mediana.
› Porcentagens.
› Juros.
› Noções de probabilidade.

Objetivos

› Construir procedimento para organizar, interpretar, coletar e investigar dados, explorando o uso de tabelas e gráficos que expressam o conhecimento estatístico e probabilístico por meio da compreensão e da descrição de situações que envolvam acontecimentos de natureza analítica, crítica e de realidade contidas na *práxis* e na sociedade em que vive o aluno;
› Apropriar-se da linguagem de acontecimentos de natureza aleatória, que proponham situações de observação e realização de eventos em que as relações de incerteza e acaso ocorram de forma intuitiva;
› Analisar, identificar, interpretar, resolver e calcular situações que envolvam problemáticas reais, apropriando os conhecimentos estatísticos e probabilísticos que fazem parte do seu ciclo de ensino.

3.4.1.1 ESTUDOS DOS GRÁFICOS E ANÁLISE DE TABELAS

Como acreditamos que a noção espacial é muito importante para o aluno compreender a metodologia de construção de gráficos já nos anos iniciais do ensino fundamental, também é importante incentivá-lo a montar gráficos e tabelas. O encaminhamento, quando se estimula o aluno a fazer pesquisas e a realizar a demonstração por meio de gráficos a partir de questionamentos, é muito prazeroso. Dessa forma, acionam-se todos os elementos de raciocínio lógico e experimentação, nos quais se destacam os conteúdos específicos na construção de gráficos nas porcentagens e no tratamento da informação.

O desenvolvimento metodológico começa por uma pergunta (por exemplo: O que poderia mudar na minha escola para melhorar a qualidade do ensino?); coletam-se os dados dos entrevistados, tabulam-se as informações coletadas por meio de tabelas e constroem-se diversos tipos de gráficos. Acreditamos que os gráficos mais atrativos para os alunos sejam o de linhas, barras e colunas. Pode ser solicitado que a demonstração dos gráficos seja feita com maquetes e cartolinas, que, bem orientadas, apresentam resultados significativos no processo de ensino-aprendizagem.

Segundo Brito (2005, p. 63), "Com a finalidade de desenvolver a capacidade de organizar e representar os dados disponíveis a partir de um determinado estudo, os alunos precisam conhecer como ler e formular conclusões a partir de tabelas, diagramas e gráficos".

Partimos do conceito de que, para construir um gráfico, deve-se utilizar material concreto, mas o meio mais criativo de construção são planilhas eletrônicas disponíveis no computador, as quais geram muita motivação por parte dos alunos, criatividade e desenvolvimento do aprendizado da informática, sendo esta correlacionada à disciplina.

Já uma das principais funções das tabelas é que elas compõem o aprendizado dos gráficos, que visam organizar dados para análise, estruturam as respostas de pesquisa ou coleta de dados e transformam em argumentações os resultados obtidos.

3.4.1.2 MÉDIA ARITMÉTICA SIMPLES

As médias aritméticas apresentam dois enfoques: as simples e as compostas. A própria forma de encontrar os resultados dos aproveitamentos dos alunos em sala terá, na sua grande maioria, as médias aritméticas simples.

O uso de tabelas e gráficos deve explorar esses conceitos e agregar outros derivados, como a moda e a mediana. A análise de tabelas e gráficos é exploração importante no aprendizado dos alunos. É importante valorizar essa prática de análise, pois faz parte do aprendizado reflexivo e questionador do educando. Os princípios metodológicos das tabelas e dos gráficos devem ser construídos com as médias aritméticas simples. É, aliás, com base nelas que podemos conceituar a média que utiliza pesos, e que será a grande possibilidade de abrir uma discussão com os alunos em relação à diferença do critério das médias aritméticas simples e ponderada na apuração de notas em determinado período, sendo elas apuradas por meio de notas recebidas por trabalhos, provas, apresentações, ou por meio das diversas formas de avaliação realizadas pelo educador.

3.4.1.3 PORCENTAGENS E JUROS

A porcentagem e os juros, na composição do estudo da matemática financeira, devem ser trabalhados a partir dos conhecimentos já adquiridos pelos alunos durante a sua *práxis*. Devemos propor formulações de situações-problema que auxiliem no encaminhamento metodológico a ser utilizado.

> Na porcentagem, que tem diversas formas de aplicação e técnicas de resolução, destacam-se a estruturação da operação utilizando a lógica dedutiva, as padronizações com as abordagens da regra de três, a resolução utilizando os números racionais, a utilização simples da calculadora, em que todos esses recursos didáticos e metodológicos estimulam a dinâmica do conteúdo das porcentagens.

Muitos educadores se apropriam da modelagem matemática. Aparecem problemáticas sob o tema de relações comerciais, de custo e industriais que possibilitam um aprendizado significativo e prazeroso, pois, geralmente ao término dessas atividades, ocorrem apresentações em amostras culturais e/ou feiras de ciências, nas quais os alunos apresentam o resultado das produções de seus trabalhos. Outra demanda importante do saber é o conteúdo dos juros, que são integrantes dos vínculos comerciais existentes na sociedade e, além de serem aprendidos, podem ser objetos de diálogo que construam o conceito de compra inteligente e de educação fiscal.

3.4.1.4 NOÇÕES DE PROBABILIDADE

Nos últimos anos do ensino fundamental, desenvolve-se o tema da probabilidade, que é conceito inerente à possibilidade de ocorrer determinado evento. O uso de jogos é fonte bem estimulante para apresentar o conceito de probabilidade. Um exemplo é o uso de moeda metalizada, em que se verifica a probabilidade de uma das faces aparecer em determinado instante em que se joga a moeda para cima. O importante na análise dos eventos é que a probabilidade, em conjunto com as porcentagens, constrói os conhecimentos em função da aleatoriedade, e, principalmente, os tópicos de probabilidade envolvendo as porcentagens orientam uma visão crítica dos educandos em relação à aleatoriedade probabilística.

Durante o desenvolvimento do conteúdo, o professor utiliza o critério de trabalhar as problemáticas em grupos; na prática, são os encaminhamentos metodológicos.

São os trabalhos em grupos que apresentam melhores resultados, pois podem ter uma supervisão melhor do educador quanto à qualidade da produção do conhecimento, à interação entre os alunos, ao desenvolvimento de outras aptidões inerentes ao desenvolvimento do ser e, principalmente, à possibilidade de ajustar as dificuldades de aprendizagens que ocorrem durante o processo de ensino-aprendizagem.

Segundo Smole, Diniz e Cândido (2000, p. 15), "A ação pedagógica em Matemática organizada pelo trabalho em grupos não apenas propicia troca de informações, mas cria situações que favorecem o desenvolvimento da sociabilidade, da cooperação e do respeito mútuo entre os alunos, possibilitando aprendizagens significativas".

> Estão dispostos na seção "Apêndices" os seguintes planos de aula deste capítulo:
>
> › Plano de Aula 6: Equações e inequações;
>
> › Plano de Aula 7: Razões;
>
> › Plano de Aula 8: Figuras planas e espaciais;
>
> › Plano de Aula 9: Retas;
>
> › Plano de Aula 10: Unidades de comprimento e capacidade;
>
> › Plano de Aula 11: Gráficos e tabelas.

SÍNTESE

Neste capítulo, apresentamos algumas sugestões metodológicas para o aprendizado em Matemática dos conhecimentos algébricos, geométricos, métricos, estatísticos e probabilísticos. Conceituamos a importância desses conteúdos e possibilitamos ao leitor verificar quais estratégias práticas são necessárias para um aprendizado significativo para o educando, utilizando mídias e recursos didático-pedagógicos que estimulam o ensino.

INDICAÇÃO CULTURAL

SÓ MATEMÁTICA: o seu portal matemático. Disponível em: <http://www.somatematica.com.br>. Acesso em: 20 maio. 2010.

Esse *site*, destinado a professores e alunos, disponibiliza vários materiais de apoio para o ensino fundamental, médio e superior. Dispõe de trabalhos de alunos, matemática financeira, biografias de estudiosos da matemática, história da matemática, *softwares* matemáticos, *softwares on-line*, artigos, jogos, dicionário da matemática, fórum, entre outros.

ATIVIDADES DE AUTOAVALIAÇÃO

[1] Assinale (V) para verdadeiro e (F) para falso nas alternativas a seguir, referentes ao estudo da álgebra:
- [ ] O impulso da álgebra ocorreu nas civilizações e culturas grega, egípcia, chinesa, hindu, arábica e na Europa renascentista.
- [ ] As equações algébricas nasceram principalmente da utilização dos números negativos e do estudo das raízes.
- [ ] No Brasil, conhecemos a álgebra a partir da construção dos periódicos didáticos produzidos na Europa

no século XVIII e pela inclusão das disciplinas da matemática, que resultou na famosa divisão: álgebra e aritmética.

[ ] Uma das características da álgebra em sua linguagem matemática é a utilização de letras na resolução de problemas.

[2] Assinale a alternativa **incorreta** em relação ao texto que fala sobre o aprendizado da geometria:

[A] O estudo da geometria iniciou-se a partir dos contatos com objetos e formas.

[B] Um dos matemáticos mais influentes no ensino da geometria foi Euclides, que estruturou o estudo da geometria plana e da espacial.

[C] O educando tem contato com a geometria nos anos finais do ensino fundamental, por meio da resolução de problemas envolvendo perímetro de figuras.

[D] Os conteúdos que estruturam a geometria no ensino fundamental são a geometria plana e a espacial.

[3] Assinale (V) para verdadeiro e (F) para falso nas alternativas a seguir, referentes aos conhecimentos métricos:

[ ] Os conhecimentos métricos têm seu enfoque de aprendizado nas unidades de medidas que utilizam como estratégia metodológica principal a experiência, a modelagem e as diversas possibilidades de medir formas, figuras e objetos condicionados a uma unidade de medida.

[ ] O encaminhamento metodológico das unidades de capacidade terá como objetivo relacionar

principalmente as unidades de litros e mililitros, por meio, inicialmente, da comparação entre os cilindros pequenos e maiores e, depois, construindo o conteúdo sistematicamente, encontrando os volumes de sólidos geométricos e fazendo as devidas conversões entre as unidades de comprimento e as de capacidades.

[ ] Utilizam-se como metodologia para o desenvolvimento do conteúdo das relações métricas do triângulo formas geométricas, cujo objetivo é relacionar as medidas do triângulo com as diversas figuras existentes na geometria.

[ ] Um dos motivos que levaram o homem a desenvolver novas relações de grandezas de medidas foi o desenvolvimento das relações comerciais através dos tempos.

[4] Assinale (V) para verdadeiro e (F) para falso nas alternativas a seguir, referentes ao conhecimento e desenvolvimento dos princípios estatísticos e probabilísticos contidos no capítulo:

[ ] A função metodológica do trabalho com gráficos é estimular o aluno a fazer pesquisa e realizar a demonstração gráfica, correlacionando conteúdos com porcentagens e com o tratamento de informação.

[ ] A aplicação da estatística se ampliou através dos anos, influenciando várias outras ciências, estabelecendo critérios, mapeando informações, apresentando

generalizações estratégicas no controle do Estado. Entre as áreas do conhecimento beneficiadas com o advento da estatística está a astronomia.

[ ] O uso de jogos é fonte bem estimulante para apresentar o conceito de probabilidade aos educandos.

[ ] A estatística e a probabilidade não são conteúdos afins, sendo que o educador deverá desenvolver uma estratégia que possibilite o aprendizado significativo por meio de experiências práticas em sala de aula.

[5] Assinale a alternativa incorreta em relação aos temas desenvolvidos neste capítulo:

[A] Quanto à metodologia desenvolvida nos conteúdos da álgebra, é importante que os encaminhamentos sejam centrados em problemáticas, atividades práticas e uso de mídias para estimular o aprendizado.

[B] Quanto à metodologia desenvolvida nos conteúdos da geometria, uma das corretas aplicações é a da planificação de sólidos geométricos.

[C] Quanto à metodologia desenvolvida nos conteúdos métricos, um exemplo de encaminhamento é estabelecer padrões de relações nas unidades de comprimento e capacidade utilizando atividades práticas, como a relação da construção de sólidos geométricos e volumes contidos em objetos que fazem medidas em litros e mililitros.

[D] Quanto à metodologia desenvolvida nos conteúdos probabilísticos e estatísticos, não é recomendável a utilização de programas de planilhas que contenham gráficos e tabelas de demonstração de aplicação.

ATIVIDADES DE APRENDIZAGEM

QUESTÕES PARA REFLEXÃO

[1] Em pequenos grupos, realize uma pesquisa sobre um tema relevante, à escolha do grupo. A amostra de entrevistados será de 20 pessoas. Faça a tabulação dos resultados e represente por meio de um gráfico. Cada grupo irá apresentar os gráficos com seus respectivos resultados. Faça um debate sobre os resultados encontrados e a influência dos resultados das pesquisas nas pessoas. Reflita sobre quando uma pesquisa pode ser realmente considerada um resultado aceitável.

[2] Faça um trabalho em equipe e pesquise em *sites* de busca na *web* atividades relacionadas à geometria. Busque jogos, atividades de cunho educativo e apresente aos demais colegas da turma. Cada equipe deverá expor a atividade aos demais colegas e indicar os benefícios dessa atividade para o aprendizado, bem como as possíveis dificuldades encontradas.

ATIVIDADE APLICADA: PRÁTICA

[1] Divida a sala de aula em até cinco grupos. Os alunos deverão, previamente, trazer uma receita de bolo ou

de salgados que tenha acima de oito ingredientes. As tarefas a serem realizadas são as seguintes:

[A] Pesquisar o preço de cada ingrediente no supermercado, construindo uma tabela relativa à pesquisa.

[B] Calcular cada um dos ingredientes em relação à quantidade de uso no bolo ou salgado com aqueles contidos na tabela de pesquisa (ex.: utilizam-se na receita 100 gramas de farinha, sendo que o pacote pesquisado tem 1.000 gramas e custa R$ 1,80). Esse procedimento deve ser realizado para cada ingrediente, podendo-se, na falta de um procedimento de cálculo, usar a calculadora, procedimentos lógicos e dedutíveis.

[C] Dispor em uma tabela os valores encontrados: uma das colunas conterá o nome do ingrediente e o custo dele no bolo ou salgado, a outra coluna terá a porcentagem de cada ingrediente em relação ao bolo. No final de cada coluna, deve-se fazer a soma para se encontrar o total de custo do bolo e porcentagens envolvidas no custo.

[D] Converter essa tabela em um gráfico, que será produzido em papel-cartão ou no próprio computador, por meio de programas de planilhas.

[E] Cada equipe, ao final da atividade, deverá trazer o produto feito, criando um nome para o bolo ou salgado, e apresentar, por meio dos gráficos, os resultados obtidos.

quatro...

Novas possibilidades educativas e conteúdos do ensino da Matemática na educação infantil e nos anos iniciais do ensino fundamental

A base do ensino da Matemática, além da aritmética, são os conhecimentos algébricos, geométricos, estatísticos e probabilísticos, para os quais apresentamos sugestões metodológicas no capítulo anterior. Mais do que um conteúdo desenvolvido, as estratégias de ensino que devem nortear esses conhecimentos são a análise e a construção de significados matemáticos que são aplicáveis no dia a dia do aluno. Em muitos momentos sugerimos a utilização e aplicamos conceitos de novas possibilidades educativas que são fundamentais para o aprendizado da educação matemática.

Este capítulo toma por base as orientações dos Parâmetros Curriculares Nacionais (Brasil, 1997), que citam a necessidade de se utilizar metodologias com outras fontes de informações que propiciem um melhor aprendizado. Iremos ponderar sobre essas novas possibilidades educativas que, inseridas no contexto atual, podem proporcionar um arranjo de alternativas para a produção do saber e que devem ser destacadas em planejamentos e planos de aulas.

Ainda neste capítulo promoveremos um diálogo sobre a matemática e algumas premissas importantes para a educação infantil e nos anos iniciais do ensino fundamental, novas ferramentas pedagógicas e educativas que geram possibilidades de um maior enfrentamento pelo educador dos novos desafios educacionais contemporâneos. O destaque será a abordagem da importância dos jogos na construção do saber até a sugestão de encaminhamento para aulas dos 1º e 2º anos do ensino fundamental.

4.1 NOVAS POSSIBILIDADES EDUCATIVAS

Nos capítulos anteriores, abordamos em vários momentos a importância do desenvolvimento de alguns conteúdos e de os encaminhamentos metodológicos contemplarem as novas possibilidades educativas.

A nossa sociedade atual demanda novos saberes, a rapidez da informação e do desenvolvimento tecnológico traz para os ambientes escolares uma faceta paradigmática mutável, em que os atores envolvidos no processo de educação devem, a cada momento, realimentar a trajetória do ensino, da informação e do conhecimento.

> **Pense a respeito!**
>
> O educando do século XXI terá acesso a recursos proporcionados pela tecnologia que estimularão habilidades cognitivas que a educação deverá também trabalhar. A pergunta sempre será a mesma: Como competir com esses novos desafios?

Na Matemática, podemos incluir alguns novos e velhos conceitos de possibilidades educativas que auxiliam metodologicamente o educador. Iremos fazer uma breve discussão de como pode ser feito o encaminhamento metodológico dos seguintes recursos:

> - jogo;
> - informática;
> - modelagem matemática;
> - etnomatemática;
> - resolução de problemas;
> - história da matemática.

As novas possibilidades educativas apresentam diversas formas de trabalho que integraram várias metodologias de conteúdos já apresentadas neste livro; o importante é que o educador, quando queira contemplar essas novas práticas, siga alguns procedimentos metodológicos e os roteiros básicos de uma boa aula, que são o planejamento e o plano de aula, além de ser um constante pesquisador de práticas metodológicas que possibilitem uma efetiva melhoria do aprendizado.

4.1.1 O JOGO

As brincadeiras e os jogos, dentro do ambiente escolar, são encaminhamentos metodológicos importantes no aprendizado da Matemática, pois trabalham com as possibilidades de integração, cooperação, competição, socialização, concentração e estimulação do ludismo, visando à produção e à construção de atividades que proporcionam o uso de diversos materiais e conceitos, tendo como objetivo desenvolver o aprendizado do aluno.

A pesquisa e o estudo podem levar o educador à utilização correta desses encaminhamentos. Algumas recomendações são importantes para que eles sejam utilizados de forma harmônica e pedagógica na disciplina de Matemática. Vejamos algumas delas:

> *Na hora de escolher uma brincadeira ou jogo, devemos pensar na sua aplicação pautada em conceitos de desenvolvimento do ensino-aprendizagem.*

> - Estimular o aprendizado da Matemática, aumentando as suas habilidades e seus significados;
> - Aprimorar o processo de análise;
> - Construir o saber, aliado a princípios da matemática;
> - Condicionar a conteúdos do ensino da Matemática;
> - Buscar (os educandos) novos caminhos durante as estratégias do jogo, adquirindo novas descobertas;
> - Pensar (o educador) em organizar atividades envolvendo jogos e analisar o tempo para tais dinâmicas;

> Viabilizar um período para discussão com os alunos sobre a importância das atividades desenvolvidas que possam em outro momento ampliar conceitos e definir novas estratégias, com o objetivo de garantir um melhor estímulo para o aprendizado.

O envolvimento estimulativo do jogo para crianças e jovens desperta no aprendizado da disciplina de Matemática o interesse em determinados significados para o educando. O espaço escolar determina muitas vezes as diferentes formas criativas por meio das quais o saber é elaborado. Quando desenvolvemos o encaminhamento metodológico utilizando jogos, esse espaço escolar torna-se atrativo e representativo, organizando de forma criativa o aprendizado, sendo de grande valia na formação de trabalhos em grupos. O educador se aproxima mais do aluno, definindo ações estratégicas tanto para o aprendizado quanto para a verificação de dificuldades apresentadas pelo educando durante as aulas. Temos de ter consciência que esse contato é essencial, motivador e construtivo, pois pode eliminar algumas lacunas que a Matemática pode ter gerado para determinados educandos durante a sua trajetória escolar.

Segundo Borin (1996, p. 9):

> *Outro motivo para a introdução de jogos nas aulas de Matemática é a possibilidade de diminuir bloqueios apresentados por muitos de nossos alunos que temem a Matemática e sentem-se incapacitados para aprendê-la. Dentro da situação de jogo, onde*

> *é impossível uma atitude passiva e a motivação é grande, notamos que, ao mesmo tempo em que estes alunos falam da Matemática, apresentam também um melhor desempenho e atitudes mais positivas frente a seus processos de aprendizagem.*

> Quando o professor estimula os alunos a produzirem jogos com base em temas determinados, possibilita observações no tocante à formação dos grupos, à construção de regras, à formulação de estratégias, à reflexão em relação à temática de ensino e ao desenvolvimento de habilidades de resoluções de problemas.

As manifestações relacionadas às brincadeiras são as mesmas oriundas dos jogos; apenas como muitas das atividades têm suas correlações pela primeira vez, as observações oriundas da sociabilidade e da interiorização de valores destacam-se nesse tipo de encaminhamento metodológico. Quando brinca, a criança se defronta com desafios e problemas, devendo constantemente buscar soluções para as situações a ela colocadas.

Smole, Diniz e Cândido (2000, p. 14) dizem que:

> *A brincadeira auxilia a criança a criar uma imagem de respeito a si mesma, manifestar gostos, desejos, dúvidas, mal-estar, críticas, aborrecimentos etc. Se observarmos atentamente a criança brincando, constatamos que neste brincar está presente*

> *a construção de representações de si mesma, do outro e do mundo, ao mesmo tempo em que comportamentos e hábitos são revelados e internalizados por meio das brincadeiras.*

Os conteúdos da disciplina de Matemática que são trabalhados com as brincadeiras fazem parte do ensino-aprendizagem na educação infantil e nos anos iniciais do ensino fundamental, e estão contidos nos conhecimentos aritméticos, tais como as operações fundamentais, os conjuntos numéricos, as medidas, as figuras geométricas com suas explorações planas e espaciais.

Os mesmos autores (2000, p. 16) concluem que:

> *De fato, enquanto brinca, a criança pode ser incentivada a realizar contagens, comparação de quantidades, identificar algarismos, adicionar pontos que fez durante a brincadeira, perceber intervalos numéricos, isto é, iniciar a aprendizagem de conteúdos relacionados ao desenvolvimento do pensar aritmético.*

Primeiramente, devemos conversar sobre a brincadeira, abordando a importância de determinada ação pedagógica envolvendo a disciplina de Matemática, a reflexão da atividade, a opinião dos alunos para melhoria sobre a atividade, o que mais gostaram; esse diálogo é utilizado tanto para o início da atividade como para o término.

Fazer o registro da atividade que está sendo executada, dependendo do ciclo que se está trabalhando, por meio de desenhos, fotos nas quais os alunos possam registrar os desafios superados, a construção e a montagem de um painel produzido pelo educador e os alunos, em que podem ser montados, além dos desenhos e fotos, relatos escritos da atividade desenvolvida.

A participação do professor na atividade pode ser muito prazerosa para os grupos de alunos, sendo objeto de análise de comportamentos típicos das crianças nessa fase de desenvolvimento, não esquecendo sempre que, quando o educador participa da atividade, ele ainda tem a função de mediar o ensino.

Nas brincadeiras, é notório que com a prática se verificam o aprendizado e o desenvolvimento cognitivo dos alunos por meio de todas as suas interações. Já a principal função dos jogos é estimular a aplicação da matemática na resolução de problemas, até mesmo quando tivermos dificuldades de desenvolver alguns conteúdos que utilizam os padrões para resolver. Podemos utilizar a metodologia dos jogos para agir como facilitador da aprendizagem e possibilitar uma vinculação mais significativa para o aluno, pois por meio dos jogos são proporcionadas atividades ricas em princípios de lógica, dedução, regras, instruções, até mesmo de operações que estão em consonância com o aprendizado da Matemática.

4.1.2 A INFORMÁTICA

A introdução da informática no processo de ensino da Matemática provém das transformações ocorridas na sociedade pela difusão da comunicação de massa que se tornou a *internet*. Pensávamos que a absorção dessa ferramenta, como aliada ao processo de ensino, teria um grande caminho a percorrer e que haveria um tempo de maturação, de capacitação e de conhecimento dos educadores e dos educandos quanto a essa nova tecnologia. A sociedade tecnológica avançou em passos longos. Hoje, o aluno domina muito dos princípios básicos de operacionalidade do sistema de informática, e a escola assume como desafio presente avançar nos procedimentos de ensino metodológico com o uso da informática como tema auxiliador no ensino-aprendizagem da Matemática e das outras áreas dos conhecimentos.

O papel da informática na educação matemática depende do projeto político-pedagógico que a escola sustenta, do planejamento inovador da utilização das tecnologias no aprendizado, do domínio da tecnologia por parte do educador, da sua criatividade e dos *softwares* disponibilizados para o aprendizado.

O uso de computadores, que já fazem parte do cotidiano das escolas, é importante, pois possibilita que as transformações que a escola vem sofrendo, quer nos aspectos de fluxo de informação, que nas novas aplicações metodológicas que se utilizam dos recursos visuais, sejam muito exploradas com a utilização da informática. Segundo Brito

(2005, p. 63), "Com o avanço da tecnologia, o estudante necessita, cada vez mais, estar familiarizado com o uso dos computadores, sendo essencial que conheça as capacidades e limitações das novas ferramentas tecnológicas."

As novas gerações de educadores terão um papel fundamental na utilização da metodologia aplicada à informática, pois hoje, tanto nos ambientes de graduação como nos lares, o uso constante da informática é uma *práxis*, e isso proporciona um caminho mais tranquilo no desenvolvimento de encaminhamentos metodológicos contemplados por essa prática. Sabemos que os mecanismos tecnológicos demandam um encaminhamento presente, e as inovações podem reestruturar conceitos, padrões e as produções desenvolvidas para o aprendizado.

> *Fique atento ao tempo e à atenção dos alunos para que a utilização do recurso não substitua a mediação do educador no processo ensino-aprendizagem.*

Para a produção didática de materiais para uso em sala, é indispensável a escolha de conteúdos durante o planejamento escolar que serão utilizados com o auxílio da informática, quando da utilização de recursos tecnológicos digitais, tais como *blogs*. Essas atividades práticas devem utilizar recursos visuais que chamem a atenção dos alunos (ex.: utilização da cor vermelha), a pesquisa de *sites*, nos quais serão disponibilizados os assuntos a serem desenvolvidos.

Fique atento ao tempo e à concentração dos alunos, para que a utilização do recurso não substitua a mediação do educador no processo de ensino-aprendizagem. Quando da utilização do laboratório de informática, viabilize um encaminhamento no qual as atividades realizadas nesse ambiente apresentem exercícios para todo tipo de conhecimento prévio da tecnologia por parte do educandos, ou seja, se as atividades terão a duração de uma aula, a quantidade de atividades deve ser atrelada ao tempo de duração das aulas.

A metodologia do ensino da Matemática utilizando a informática deve ser criteriosa. O educador jamais deve utilizar esse recurso sem a relação entre planejamento e conteúdo didáticos. Na prática, uma aula no laboratório de informática deve ser muito bem organizada, com seu plano de aula detalhado e principalmente construído com base em conteúdos do planejamento escolar. Por isso, quando fizer uso de algum encaminhamento utilizando essa tecnologia, dialogue a respeito da importância do uso correto do computador, tanto nas produções como nas apresentações ou nas pesquisas. Atualmente, muitos professores utilizam a informática como recurso de fechamento de conteúdo, em que os alunos já possuem as habilidades do conteúdo trabalhado, e a informática terá como função ampliar o aprendizado do conteúdo desenvolvido pelo professor. É claro que o correto é proporcionar ao educando, com essa ferramenta, a possibilidade de construir o conhecimento e explorar a diversidade da possibilidade do uso dessa tecnologia.

4.1.3 A MODELAGEM MATEMÁTICA

O conceito de modelagem matemática procura estimular um determinado modelo que gere uma rede de construção mental. Um artista utiliza um modelo para ampliar sua visão real e elaborar uma arte com a sua visão de mundo e com talentos artísticos que foram adquiridos pelo seu conhecimento e sua *práxis*. Já o modelo gerado na modelagem matemática é um conhecimento estruturado da disciplina. A modelagem matemática pode partir de um conhecimento que não seja uma problemática específica da realidade matemática para aplicação das correlações matemáticas existentes, utilizando conceitos, hipóteses e desdobramentos pertinentes às estratégias de ensino-aprendizagem da disciplina.

Uma construção elementar de um processo de modelagem matemática é trabalhar com os alunos o tema da sustentabilidade, mais especificamente com a reciclagem, em que partimos das latinhas de refrigerantes como objeto de análise, sua utilização para a geração de renda, seu aproveitamento na produção de artesanato, coleta seletiva, tempo de decomposição conforme o material utilizado, higiene e doenças geradas pelo manuseio. Os alunos podem estruturar os conceitos matemáticos oriundos da latinha, a figura plana, a figura espacial, a planificação, os elementos do círculo/circunferência, os elementos do retângulo, a área, o comprimento do círculo, o volume, a função relativa às rendas oriundas das vendas de latinhas, os gráficos e os demais conceitos e conteúdos que podem proporcionar ao educando um conhecimento amplo das aplicações da matemática em diversas áreas do conhecimento, bem como relacionar com seu cotidiano.

> Segundo Barbosa (2001, p. 6), a modelagem matemática é "Um ambiente de aprendizagem no qual os alunos são convidados a indagar e/ou investigar, por meio da Matemática, situações oriundas de outras áreas da realidade. Essas se constituem como integrantes de outras disciplinas ou do dia a dia; os seus atributos e dados quantitativos existem em determinadas circunstâncias".

A modelagem matemática não é um conceito novo; muitos educadores tinham como parte das suas práticas metodológicas, em diversas áreas do conhecimento, encaminhamentos metodológicos muito próximos dos citados. O que ocorre atualmente é que os novos paradigmas contemporâneos trouxeram para debates novas tendências educacionais agora codificadas, para serem objetos de estudo, análise e reflexão, em que a Matemática vem demonstrando toda a sua diversidade de conceitos e estratégias de ensino utilizando novas linguagens e significados.

Construindo os conceitos da modelagem matemática o educador estará proporcionando aos educandos habilidades de análise, formulação de hipótese, validação de conceitos matemáticos, organização lógica e de dedução de conhecimentos matemáticos, correlação da matemática com outras áreas do conhecimento, resolução de problemas, interação com a realidade, aprofundamentos de conteúdos e, principalmente, estímulo criativo que a modelagem matemática, quando bem aplicada, pode gerar.

4.1.4 A ETNOMATEMÁTICA

A educação é um processo amplo de construção do conhecimento. Muitos desses saberes são associados às ciências e elaborados em um amplo processo de formação das disciplinas escolares, mas o educando traz consigo uma bagagem da comunidade onde vive, das relações socioculturais, são saberes que modelam e estruturam alguns conhecimentos prévios e interferem na forma como aprendem em um conteúdo.

> **Importante!**
>
> A etnomatemática é um ramo de estudo da matemática que tem como função primordial captar a riqueza de informações trazidas pelo educando nas suas relações culturais e explorar, validar, reconhecer e utilizar esses aspectos culturais como forma de desenvolver o aprendizado adquirido pela *práxis* do aluno e estruturado pelo processo de ensino-aprendizagem da Matemática em conformidade com os conceitos e os conteúdos.

Uma das formas também de explorar a etnomatemática é estudar os aspectos socioculturais e econômicos de grupos sociais ditos diferentes, de forma que se possa explorar a matemática nas suas relações. Um exemplo muito interessante é o estudo da cultura indígena.

O Programa Etnomatemática, segundo D'Ambrosio (2005, p. 99-120),

> *tem seu comportamento alimentado pela aquisição de conhecimento, de fazer(es) e de saber(es) que lhes permitam sobreviver e transcender, através de maneiras, de modos, de técnicas, de artes (techné ou 'ticas') de explicar, de conhecer, de entender, de lidar com, de conviver com (mátema) a realidade natural e sociocultural (etno) na qual ele, homem, está inserido.*

D'Ambrosio, considerado o pai da etnomemática, apresenta alguns pressupostos importantes em que esse conhecimento prévio do aluno seja reconhecido e respeitado pelo educador na educação matemática. O educador deve buscar essas relações culturais existentes no grupo no desenvolvimento metodológico da disciplina. É importante que a aplicabilidade desses conceitos faça parte da rotina do professor, e as atividades desenvolvidas em sala absorvam essas práticas.

Sabemos que, em sala de aula, quando desenvolvemos um tema de abordagem matemática, utilizamos diversas variantes que são estudadas isoladamente, mas que são aplicadas agregadas a outras, ou seja, na modelagem matemática utilizaremos os princípios de resolução de problemas, usaremos a informática, as articulações e os conceitos de jogos e brincadeiras. Essa visão deve ser clara para o educador, pois as visões pedagógicas e metodológicas serão bem construídas com a prática e a vivência durante o processo de ensino-aprendizagem da disciplina de Matemática.

Um exemplo de aplicação metodológica da etnomatemática é explorar as relações socioculturais existentes em comunidades litorâneas, mais especificamente as de um educando oriundo de comunidade de pescadores. Devemos aproveitar as riquezas culturais existentes no grupo; buscar, por exemplo, informações socioeconômicas e culturais; partindo do pressuposto das relações econômicas, verificar onde se utiliza a relação matemática no grupo, de que forma são elas e como são feitas. Com base nesse enfoque, podemos atrelar o desenvolvimento do conteúdo trabalhado em sala de aula com essa riqueza de informações e ir transformando, correlacionando os conhecimentos e os desenvolvimentos científicos pertinentes ao ensino da Matemática, demonstrando aos educandos que ela está presente em todas as situações culturais e, para o aluno que está ligado àquela comunidade, demonstrar que a matemática pode proporcionar formas de auxiliar as suas relações culturais.

Uma das habilidades mais importantes que a educação matemática proporciona é a resolução de problemas.

4.1.5 A RESOLUÇÃO DE PROBLEMAS

Uma das habilidades mais importantes que a aprendizagem da educação matemática proporciona é a resolução de problemas. O ensino-aprendizagem da Matemática tem como um dos seus fundamentos mais importantes para o aluno na educação básica dar diversos tipos de ferramentas de raciocínio, lógica, dedução e indução, que ele utilizará de forma adequada nas resoluções de situações-problema que lhes serão apresentadas em problemáticas com nível de dificuldades simples até os mais complexos durante a sua trajetória de aprendizagem.

> **O que seria um problema matemático?**
>
> São todas as situações que requerem a investigação de informações matemáticas desconhecidas. O objetivo é resolvê-las com base na aplicação da educação matemática. Para chegar ao resultado encontrado, devemos utilizar várias estratégias e roteiros que facilitam o objetivo principal: a resolução do problema.

As estratégias do desenvolvimento da aprendizagem voltada à resolução de problemas são inerentes às transformações cognitivas, estimulativas e de crescimento, nas quais o educando vai se habilitando durante o transcurso do ensino-aprendizagem da disciplina de Matemática em todos os ciclos de ensino. Compreender essa capacidade crescente é um desafio e objeto de estudo, reflexão e pesquisa para que o educador se aproprie dos encaminhamentos metodológicos coerentes na educação matemática.

Vamos definir alguns roteiros de análise para resolução de problemas, que tradicionalmente facilitam o trabalho do professor para um correto encaminhamento metodológico.

Segundo Polya (2006, p. 4-7):

> *Devemos seguir quatro fases de trabalho para resolução de problemas. Primeiro, temos de compreender o problema, temos de perceber claramente o que é necessário. Segundo, temos de ver como os diversos itens estão inter-relacionados, como a incógnita está ligada aos dados, para termos a ideia da resolução, para estabelecermos um plano. Terceiro, executamos o nosso plano. Quarto, fazemos um retrospecto da resolução completa, revendo-a e discutindo-a.*

A compreensão de um problema requer, primeiramente, uma boa leitura da problemática. Isso suscita no aluno interesse e habilidades de interpretação. Um problema deve apresentar níveis de dificuldades. Com raras exceções, os educadores com experiência costumam graduar os problemas, dos mais simples aos mais complexos, prática que provém da análise do grupo de alunos com os quais se está trabalhando. Alguns colegas definem a resolução de um problema como a arte de colocar as suas estratégias no papel, e na realidade o início da resolução é o de se atentar aos dados do problema. As informações que são coletadas do problema devem definir as estratégias: primeiramente devemos analisar as partes da investigação, por exemplo, se aparecer inicialmente uma incógnita ou dados de uma figura, tentar representar os dados. Com essa estratégia, o educando já começa a visualizar alguns princípios e táticas que deverá utilizar para a resolução, podendo levantar hipóteses e iniciar a compreensão do problema apresentado.

Depois de ter a compreensão do problema, passamos a estabelecer um plano. Nessa etapa, já devemos definir qual conteúdo está sendo utilizado, quais operações, cálculos e figuras serão necessários para encontrar a incógnita. As investigações se ampliam, a ideias afloram, utilizam-se correlações com problemas já resolvidos. Dependendo do ciclo de ensino, devemos utilizar teoremas, fórmulas, relações, generalizações, deduções e lógicas nas quais as condicionantes são apresentadas.

A execução do plano é um passo posterior às diversas ideias e estratégias encontradas, é considerada uma etapa mais simples, na qual a mediação do professor é a de incentivar o educando no seu objetivo e caminho traçado. Algumas correções de conteúdos geralmente são necessárias e, principalmente, o educando verificará se o plano escolhido foi o correto ou quais alterações terão de ser executadas.

O retrospecto é o processo de fechamento da resolução de problemas. Após todas as fases percorridas, finalizamos com a construção da análise do processo, com o objetivo de identificar formas de controle das atividades executadas, tais como verificação do resultado, reflexão sobre as possíveis correlações que o problema resolvido pode proporcionar.

Importante!

Quando pensamos no final da formação do aluno na disciplina de Matemática, imaginamos que ele deverá, quando apresentado a um problema que necessita das habilidades matemáticas, abrir sua "caixa de ferramentas", na qual terá disponíveis todas as informações, as habilidades e os conteúdos assimilados durante o seu aprendizado e experimentará a ferramenta mais adequada, que possibilitará desenvolver os caminhos para a solução de um problema. Essa visão totalitária da matemática é uma das reflexões que cada educador deverá realizar em suas aulas, pois, diante desse enfoque, um aluno bem estimulado deve ter sempre um leque de possibilidades para a resolução de um problema, independente do ciclo em que se encontra. Isso ocorre porque, muitas vezes, ao apresentar a resolução de um problema, o aluno resolve por um único caminho de solução, mas o nível de operacionalidade possível para aquele educando poderia ser mais amplo.

4.1.6 AS TECNOLOGIAS, AS TICS E AS MÍDIAS NA EDUCAÇÃO

A educação passará, neste século, por transformações que são difíceis de imaginar, em face da revolução tecnológica contínua e progressiva que ocorre no mundo atual. Os saberes que o futuro deve proporcionar, até onde essas modificações das necessidades do homem moderno devem interferir no processo de ensino-aprendizagem, são questionamentos que a escola terá de responder e absorver nas suas práticas pedagógicas. Um dos paradigmas a serem incorporados pela escola moderna é a utilização das tecnologias de informação e comunicação (TICs) e das mídias nos planejamentos escolares, pois os educandos demonstram transformações visíveis nas formas de conexão com os educadores e as disciplinas. Vamos abordar alguns conceitos que devem nortear os planejamentos escolares e ser reproduzidos nos encaminhamentos metodológicos em todas as áreas do conhecimento. Talvez, em um futuro breve, quando algum educador passar por este capítulo, novos recursos já deverão estar disponíveis, e outros aqui comentados poderão ser obsoletos.

Tecnologia é a palavra que designa o método, o artefato ou a técnica criada pelo homem para facilitar um determinado trabalho. Na escola, temos a aplicação do conceito na educação, como a utilização do caderno, do giz, do quadro-negro, da régua, do lápis, das canetas, do jornal, da revista, do computador, da televisão, do rádio, entre outros. A *TIC* é oriunda do cruzamento da informática com as diversas tecnologias de comunicação. Trata-se de recursos tecnológicos que, na escola, a partir da mediação do educador, possibilitam um melhor desenvolvimento do aprendizado, modificando a forma de interação e linguagens, conforme a sociedade vigente.

O termo **mídia**, utilizado para representar um complexo sistema de comunicação e divulgação utilizando recursos tecnológicos, caracteriza-se pela difusão, veiculação (ex.: rádio, televisão, jornal), geração (ex.: filmadora) e registro da informação. Ela pode ser disseminada por meio de mídia impressa ou eletrônica, e seu processo amplo carrega um novo horizonte para o desenvolvimento metodológico das disciplinas.

> *A integração das tecnologias como TV, vídeos, computadores e internet ao processo educacional pode promover mudanças bastante significativas na organização e no cotidiano da escola e na maneira como o ensino e a aprendizagem se processam, se considerarmos os diversos recursos que estas tecnologias nos oferecem [...].* (Prata, 2002, p. 77)

As metodologias que utilizam as mídias partem geralmente dos recursos mais usuais que estão disponíveis nas escolas, que são: revistas, jornais, TV, computador, entre outros.

Vamos citar algumas formas da utilização dessas mídias:

> As revistas podem ser utilizadas para a retirada de dados estatísticos relevantes, para a construção de informações que gerem problemáticas matemáticas e para ilustrar com imagens situações cotidianas do uso da matemática.

> Os jornais usam praticamente as mesmas abordagens utilizadas nas revistas, podendo ser um ótimo gerador de possibilidades criativas e críticas da sociedade em que vivemos quando utilizados para debates, estruturação de conceitos matemáticos, construção de atividades práticas como produção de reportagens que utilizem dados quantitativos para sua elaboração.

> Na televisão, é importante atentar para o tempo de uso desse recurso, pois o educando atual não consegue manter a concentração visual e do áudio por muito tempo; aconselha-se o uso de vídeos com a duração de 10 minutos, no máximo. O trabalho docente com a televisão vai desde a criação de vídeos de conteúdos e de atividades realizadas pelos alunos até debates de temas relevantes da sociedade que possam acrescentar nos conhecimentos da disciplina.

Sempre há sugestões para o trabalho com as mídias educativas. Vamos aproveitar uma relação básica de procedimentos necessários para que a escola utilize essa importante ferramenta educativa.

O primeiro aspecto importante é fazer um diagnóstico de todas as tecnologias disponíveis na escola; com isso podemos gerenciar quais são os recursos disponíveis e como podemos utilizá-los. Segundo Prata (2002, p. 79),

> *A escola deve começar com o que tem de imediato, seja em relação a equipamentos, seja através de programas existentes e acessíveis a todos. As experiências vivenciadas servirão de referência pessoal e política para reivindicar mais e melhor tecnologia nas escolas e, consequentemente, despertar para as suas possibilidades pedagógicas.*

O segundo passo é viabilizar a exploração dessas novas possibilidades de uso das diversas tecnologias no ambiente escolar. Pensamos na exploração da conceituação correta do uso da tecnologia, por exemplo, quando falamos em utilizar um vídeo em sala, deve ficar bem claro que o professor, após utilizar o recurso, deve explorar o que foi trabalhado no vídeo e estimular o debate das diversas possibilidades que foram abordadas no vídeo.

Pense a respeito!

Por que não criar um debate na escola a respeito da utilização correta de um vídeo, da televisão, do jornal, das revistas, da informática, da internet, dos recursos tecnológicos digitais e de todas as tecnologias disponíveis na escola?

Sabemos que cada escola tem uma realidade diferente em relação aos recursos existentes e à própria clientela, mas, quando pensamos no processo de aprendizagem, temos de refletir.

Uma das formas mais ricas de exploração das tecnologias da educação são as oficinas realizadas na escola, nas quais o professor que domina determinado recurso socializa para os demais o uso, as técnicas, as dificuldades e os encaminhamentos metodológicos. Um exemplo bem simples para ser citado é o projeto de multimídia, que para o seu funcionamento básico é necessário fazer a conexão simples de um e no máximo dois cabos e, muitas vezes, o professor não utiliza, pois pensa que seu uso é complexo. Outro exemplo clássico é a utilização do *blog* na escola, uma ferramenta muito recomendada nos processos de aprendizagem, pois estimula a leitura visual, que hoje também é fundamental na educação matemática.

A capacitação é o principal elemento propagador de metodologias inovadoras. Outra forma que possibilita ao educador o acesso às metodologias é a pesquisa, pois possibilita a introdução de conceitos teóricos muitas vezes fundamentais no desenvolvimento didático do educador e da aprendizagem para o educando. Temos de ter em mente que o educador deve refletir sobre como equilibrar os processos de "provocação" na sala de aula e trazer esse caos de informações disponíveis em muitos recursos midiáticos.

São novos conhecimentos e estratégias que exploram realidades diversas e solicitam do professor um aspecto fundamental para a metodologia de ensino, que é a tentativa. Não esquecendo que, no máximo, o que pode ocorrer são erros, mas erros são princípios de aprendizagem, e, como sabemos, o educador pode depois retomar o conceito e absorver a estratégia como metodologia de ensino inovadora.

> *É importante que o aprendizado não se distancie da realidade do mundo moderno.*

Em alguns encaminhamentos, exploramos o uso das mídias e das tecnologias. É importante que o aprendizado não se distancie da realidade do mundo moderno, para citar a televisão, o rádio, o computador, que fazem parte do dia a dia do aluno. Quando aproveitamentos esses mecanismos que exploram a comunicação, as aulas, além de serem mais estimulantes, tornam o aprendizado significativo. É claro que para haver o uso correto das TICs e das mídias é necessário capacitar o educador, mas cada vez mais se cobra do professor a ampliação das suas habilidades didáticas e metodológicas em consonância com os novos saberes da sociedade contemporânea.

Finalizando a nossa obra, vamos fazer um breve diálogo sobre a Matemática na educação infantil e nos anos iniciais do ensino fundamental. Faremos também um breve relato das características do aprendizado para a criança, dos conteúdos desenvolvidos nesse ciclo e das alternativas de aprendizagem metodológicas do ensino da Matemática.

4.2 MATEMÁTICA NA EDUCAÇÃO INFANTIL

O educador, na educação infantil, não tem como função ensinar à criança a educação matemática mas, sim auxiliar na construção de conceitos. A necessidade de compreender o mundo em que o aluno vive determina uma diversidade de ações pedagógicas que têm como objetivo auxiliá-lo nesses processos iniciais do conhecimento da educação matemática. A matemática participa da vida da criança em muitas das suas ações no cotidiano, em algumas com menos complexidade do que outras, muitas vezes instintivas.

Os processos iniciais estabelecem a construção de conceitos que variam conforme o ritmo da criança. As estratégias mais utilizadas são o manuseio de objetos, o escrever, o desenhar, o trabalho com a motricidade, a música, o lúdico, as brincadeiras, as atividades ricas e desafiadoras, as formas, entre outras, que garantem o desenvolvimento cógnito e o saber mais elaborado nessa fase de desenvolvimento do ensino-aprendizagem.

> A ideia de que o educando produz conhecimentos matemáticos por meio de diversas reorganizações durante o período escolar é a principal ponte para que já cedo a educação matemática amplie os conceitos, desde os mais simples até os mais complexos.

As argumentações do educando são proporcionais aos seus conhecimentos adquiridos e apresentam significados em cada ritmo de aprendizado exposto. O professor deverá levar em conta os conhecimentos adquiridos pela criança nas suas relações sociais, tais como as da família, as das brincadeiras, as das informações retiradas dos programas de TV, as quais proporcionam situações em que esse aprendizado se relacione com os novos saberes. A Matemática, em qualquer fase do aprendizado, tem de possibilitar ao educando o aprimoramento e o desenvolvimento da criticidade, da lógica, da criatividade e da capacidade de resolver problemas.

Vamos apresentar uma relação de alguns dos principais conteúdos em conformidade com as premissas das habilidades que a criança deve desenvolver no ensino infantil da disciplina de Matemática. Os conceitos/conteúdos estão divididos em ciclos, e as estratégias variam muito, dependendo da corrente pedagógica que muitas escolas que trabalham com a educação infantil desenvolvem. São alternativas metodológicas e de conteúdos importantes na construção de conceitos da educação matemática. Vejamos primeiramente a lista de conteúdos:

1º ciclo: conteúdos

> Sistematização de noções matemáticas.
> Números e sistema de numeração.
> Histórias matemáticas.
> Identificação e representação gráfica das quantidades de 0 a 3.
> Quantidade.
> Grandezas e medidas.

- Noções de tempo.
- Espaço e forma.
- Formas geométricas.

2º ciclo: conteúdos

- Classificação por atributos.
- Noções de quantidade.
- Representação gráfica dos numerais de 3 a 6.
- Correspondência.
- Noções de grandeza.
- Formas geométricas e cores.

3º ciclo: conteúdos

- Ampliação da sequência numérica.
- Identificação e representação dos números naturais de 6 a 10.
- Resoluções de desafios matemáticos.
- Tabelas simples e gráficos.
- Histórias matemáticas.
- Medidas de massa.
- Espessura.
- Noções de posição.

Os encaminhamentos metodológicos dos três ciclos são análogos e têm como objetivo estimular a criação de uma identidade da criança por meio da diversidade de atividades de aprendizagens oriundas de situações pedagógicas intencionais, integradas à construção do desenvolvimento infantil.

No 1º ciclo, destacamos a sistematização de noções matemáticas, as noções de conjunto relacionadas aos números e numerais, integradas a brincadeiras e jogos, com a representação gráfica de 0 a 3. A noção de quantidade é desenvolvida por meio do pouco/muito, mais/menos, utilizando atividades visuais para definir estratégias de trabalho de quantidade. Aprimoram-se as noções de tempo com a criança, estimula-se a atividade em grupos, em que se vivenciam o antes/depois, o maior/menor, o ontem/hoje/amanhã, constroem-se dinâmicas nas quais se trabalham as datas especiais, os dias da semana e o calendário. O espaço e as formas são construídos com atividades de motricidade, explorando as linhas retas, curvas abertas e fechadas.

No 2º ciclo, destacamos a representação gráfica dos numerais de 3 a 6, condicionando as relações de grupos, colagens, utilização de imagens, fotografia, já estimulando a motricidade com tesoura e cola. As atividades de correspondências exploram a relação de termo a termo, seja por semelhança, cor, tamanho, forma ou pertinência. Nesse ciclo, as noções de grandezas podem ser desenvolvidas com atividades lúdicas, brincadeiras que construam e ampliem as noções de grande/pequeno, maior/menor, baixo/alto, curto/comprido e largo/estreito. Com recortes e o tato, podemos desenvolver os conceitos das formas geométricas e das cores. Nessa fase, apresentamos o círculo, o quadrado, o triângulo, o retângulo, usamos as cores na sua representação primária e atividades de mistura de cores.

Fechamos o 3º ciclo com as atividades que complementam a representação gráfica até o número 10 e apresentamos alguns desafios matemáticos estruturados com lógica e raciocínio dedutível. O importante é que nesse ciclo de aprendizagem as atividades já explorem uma maior maturidade cognitiva na criança, por meio de jogos com níveis maiores de exploração, em que há interação e sociabilidade, e mediante brincadeiras com níveis mais concretos e representativos. As crianças, nessa fase, já produzem conceitos de liderança. Exploramos a integração matemática da estatística com os primeiros contatos, ainda simples, com tabelas e gráficos, geralmente por dados de agrupamentos de objetos ou figuras. As atividades que envolvem espessura podem ser trabalhadas a partir de conceitos das formas, dos objetos, dos alimentos, com o objetivo de construir os conceitos de mole/duro, macio/áspero/liso, fino/grosso. É nesse ciclo que se inicia a maturação dos conceitos de posição, que exploramos a lateralidade (por meio de jogos e brincadeiras), a escrita, a motricidade nas relações de direito/esquerdo, longe/perto, fora/dentro, aberto/fechado, frente/atrás, em cima/embaixo e no meio/ao lado. Esses conceitos são muito importantes no desenvolvimento do ensino-aprendizagem da disciplina de Matemática na educação infantil.

4.3 MATEMÁTICA NOS ANOS INICIAIS DO ENSINO FUNDAMENTAL

Os conteúdos dos anos iniciais do ensino fundamental se dividem basicamente em três grupos:

> - números;
> - grandezas e medidas;
> - espaço e forma.

O objetivo da educação matemática nos anos iniciais do ensino fundamental é fazer com que o aluno seja capaz de:

> - apropriar a matemática como ferramenta de compreensão do mundo à sua volta;
> - fazer uso da matemática nas situações cotidianas por meio da lógica, dos raciocínios dedutivo e indutivo;
> - correlacionar a matemática com outras áreas do conhecimento;
> - expressar a matemática como fonte de raciocínio para interpretação de problemas em situações reais;
> - desenvolver relações e percepções de tempo e espaço;
> - participar de atividades em grupo que ampliem a sociabilidade e a interação na verificação de aprendizado que explore problemáticas da matemática;
> - fazer uso de recursos tecnológicos disponíveis que ampliem os conhecimentos matemáticos;
> - construir e estabelecer relações, desenvolver o pensamento crítico, comparar grandezas, selecionar procedimentos e realizar análises que envolvam os conhecimentos matemáticos.

Os alunos, nesse ciclo de ensino, iniciarão o processo de construção de competências do ensino da Matemática, tais como as resoluções de problemas. Por meio de modelos matemáticos, ampliam a argumentação, a criticidade, e interiorizam a linguagem matemática.

Faremos um breve relato de alguns conteúdos tematizados no ciclo, dialogando por meio de sugestão de encaminhamento metodológico, especificamente da construção do conhecimento dos números dos 1º e 2º anos. No 1º ano, a construção de conceitos estabelece uma rotina de aprendizado: são apresentadas as primeiras noções dos números utilizando a história e os números em diferentes contextos, abordando os princípios de contagens; são caracterizadas a leitura e a escrita, o processo de contagem amplia a visão de cada algarismo; as quantidades são exploradas de 10 em 10, podendo-se utilizar a contagem oral e escrita das diferentes quantidades; aplicam-se atividades nas quais o educando aprenderá a comparação, a ordenação e a sequência numérica, a sistematização da escrita e o registro dos números com o agrupamento de dezenas, dúzias e a formação dos números pares e ímpares. O registro de informações da vida do educando, como aniversário, dias da semana e calendário são formas de se apropriar de comparações importantes para o aprendizado. O uso do ludismo, a exploração e a manipulação de objetos no processo de contagem são estratégias que dinamizam o processo ensino-aprendizagem da Matemática.

No 2º ano, os educandos já construíram os conceitos das quatro operações fundamentais da aritmética. Inicia-se o processo com a leitura e a escrita dos números, novamente explorando o agrupamento, designando diferentes quantidades. Podem ser explorados a imagem, o desenho e a pintura para fixar conceitos. Por meio de brincadeiras e de jogos, desenvolvem-se os conceitos dos números ordinais, e a interpretação fundamenta a construção, o início das operações fundamentais da aritmética que terão significados para a criança. O dia a dia da criança é explorado. Construímos os conceitos de adição com situações-problema, nas quais a criança deve explorar uma variação nas estruturas dos problemas, possibilitando uma ampliação das habilidades matemáticas do aluno. É construído o conceito de subtração estruturada pela mesma metodologia; os alunos desenvolvem a operação por meio do cálculo mental, do uso de material concreto e também pela estruturação da operação.

> *É importante que a criança aprenda a criar hipóteses de resolução de problemas, seja por meio de trocas de ideias (trabalhos em grupos), seja por seu próprio desenvolvimento.*

É importante que a criança aprenda a criar hipóteses de resolução de problemas, seja por meio de trocas de ideias (trabalhos em grupos), seja por seu próprio desenvolvimento. O uso de atividades com notas e moedas que representam compras e vendas é estimulante e desenvolve princípios cognitivos fundamentais para essa fase do desenvolvimento do aprendizado na alfabetização. Os conceitos de multiplicação e subtração são construídos utilizando encaminhamento metodológico análogo; a multiplicação é construída a partir dos conceitos da adição, e pode-se inicialmente resolver uma problemática que envolva a multiplicação por meio da representação de desenhos, em que se repete o número de vezes determinado objeto. Por exemplo: "Um menino desenhou 2 bicicletas bem coloridas em cada folha de papel. Se ele utilizou 3 folhas, quantas bicicletas foram desenhadas no total pelo menino?". Essa visualização da repetição é um dos principais conceitos da multiplicação, em que se transforma a adição em multiplicação. Em sala de aula, devemos correlacionar a adição a figuras geométricas, explorar o cálculo mental, a resolução de problemas. Nesse momento, começa-se a desenvolver a estrutura da operação, e o educador pode, por exemplo, demonstrar ao educando que a mesma operação contida num simples problema de soma de parcela será a mesma utilizada nas medidas laterais de um retângulo. No 2º ano, deve-se explorar gradativamente os níveis de dificuldades dos problemas. É importante a construção com os alunos da tabuada, que é uma ferramenta que na prática vai ser amplamente utilizada durante a sua vida escolar. Todos esses conceitos devem se concretizar no final do processo com o entendimento da linguagem matemática aplicada nas operações com multiplicação.

As operações envolvendo a divisão devem partir de problemas simples e da escrita da divisão, bem como da sua resolução a partir da multiplicação. A divisão tem seus fundamentos de resolução na multiplicação. Antes de demonstrar para o aluno a estrutura básica da operação, devem ser aplicados os conceitos na resolução de problemas, e é nesse momento que o educando constrói o conhecimento matemático e explora o cálculo lógico, mental e dedutível. A utilização dos problemas estrutura o conhecimento da operação, relacionando os fatores da multiplicação e delineando a construção da formulação dos conceitos de divisão. Deve-se construir diversas formas de aplicação da divisão, em que o educando, além da habilidade, desenvolva o sentido de interpretação da operação, que é fundamental na aplicação dessa habilidade matemática. Inicia-se o processo de formulação do algoritmo da operação, desenvolvem-se os conceitos de introdução da operação (dividendo = divisor x quociente + resto) e estimula-se a construção de problemas. É importante essa exploração, pois definirá a diferença existente na linguagem dos problemas envolvendo a multiplicação e a divisão. Salientamos que já exploramos nessa fase de desenvolvimento do educando os conhecimentos métricos e geométricos, que devem ser amplamente trabalhados de forma conjunta com a construção das quatro operações, por exemplo, a utilização das medidas de comprimento das mãos, dos pés, a relação de altura, peso, planificação de sólidos geométricos, o uso de tabelas e gráficos. Claro que construir o conceito das quatro operações é muito amplo, apenas queríamos proporcionar um diálogo metodológico sobre essa aplicação tão importante no ensino-aprendizagem da matemática.

Consulte na seção "Apêndices" os planos de aula para este capítulo:

› Plano de Aula 12: Gincana com jogos e brincadeiras;

› Plano de Aula 13: Trabalhando com conceitos de etnomatemática;

› Plano de Aula 14: Trabalhando com a história da matemática;

› Plano de Aula 15: Trabalhando com as TICs;

› Plano de Aula 16: Grandezas e medidas.

SÍNTESE

Neste capítulo, abordamos novas possibilidades educativas na contemporaneidade, abrimos um diálogo prático sobre os encaminhamentos metodológicos com base em uma visão de construção do conhecimento, conceitos novos e antigos aprimorados com as modificações inerentes à sociedade tecnológica existente. O ensino infantil e os anos iniciais do ensino fundamental foram contemplados por meio de encaminhamentos metodológicos nos quais a educação matemática cria novos desafios e estratégias para o educador e para o educando nos processos de ensino-aprendizagem.

INDICAÇÃO CULTURAL

BRASIL. Ministério da Educação. **Mídias na educação**. Disponível em: <http://webeduc.mec.gov.br/midiaseducacao>. Acesso em: 21 jun. 2010.

Uma ótima possibilidade de ampliar os seus conhecimentos em mídias na educação é acessar o portal. *Mídias na Educação*, do Ministério da Educação. Nesse *link*, você vai encontrar um riquíssimo material em que as diversas mídias são abordadas com a função de estimular o aprendizado em todas as áreas do conhecimento.

ATIVIDADES DE AUTOAVALIAÇÃO

[1] Assinale (V) para verdadeiro e (F) para falso nas alternativas a seguir, referentes aos jogos na educação matemática:
- [ ] Os jogos aprimoram o processo de análise.
- [ ] Os educandos buscam novos caminhos durante as estratégias do jogo, adquirindo novas descobertas.
- [ ] Ao trabalhar com os jogos, há a necessidade de um período para discussão com os alunos sobre a importância das atividades desenvolvidas para que, em um outro momento, se possa ampliar conceitos e definir novas estratégias, com o objetivo de garantir um melhor estímulo para o aprendizado.
- [ ] Os jogos estimulam o aprendizado da Matemática, ampliando as habilidades dos educandos e os significados construídos.

[2] Assinale as alternativas **incorretas** em relação ao texto que trata sobre a modelagem matemática:

[A] O conceito de modelagem matemática é estabelecido com base em uma ideia ou fato gerador que produz uma rede de informações e resultados.

[B] A modelagem matemática utiliza como metodologia o arranjo de fórmulas e algoritmos, oriundo dos conteúdos estruturantes, com o objetivo de padronizar atividades e resoluções matemáticas.

[C] Quando elaboramos um encaminhamento metodológico com a modelagem matemática, já sabemos quais serão as redes de saberes que o aluno pode explorar.

[D] A modelagem matemática parte de um conhecimento não específico matemático para aplicação das correlações matemáticas existentes, utilizando conceitos, hipóteses e desdobramentos pertinentes às estratégias de ensino-aprendizagem da disciplina.

[3] Assinale (V) para verdadeiro e (F) para falso nas alternativas a seguir, referentes à etnomatemática e à resolução de problemas:

[ ] A etnomatemática é um ramo de estudo da matemática que tem como função primordial captar a riqueza de informações trazidas pelo educando nas suas relações culturais e explorar, validar, reconhecer e utilizar o aprendizado adquirido pela *práxis* do aluno.

[ ] Uma das fases da resolução de problemas é a compreensão de um problema, sendo que, primeiramente, se deve fazer uma boa leitura da problemática; isso suscita no aluno o interesse e as habilidades de interpretação.

[ ] Uma das formas de explorar a etnomatemática é estudar seus aspectos matemáticos inerentes ao educando com dificuldades de aprendizagem.

[ ] Para a correta aplicação da metodologia aplicada à resolução de problemas, deve-se aderir às seguintes fases: compreensão do problema, plano, execução do plano e retrospecto.

[4] Assinale a alternativa **incorreta** em relação às tecnologias, às TICs e às mídias na educação:

[A] Na escola, temos a aplicação do conceito da tecnologia na educação, como utilização de caderno, do giz, do quadro-negro, da régua, do lápis, das canetas, do jornal, da revista, do computador e da televisão.

[B] O conceito de TIC é oriundo do cruzamento da informática com as diversas tecnologias de comunicação; são ferramentas tecnológicas que, na escola, a partir da mediação do educador, possibilitam um melhor desenvolvimento do aprendizado, modificando a forma de interação e linguagens, conforme a sociedade vigente.

[C] Pela complexidade do uso das mídias, a metodologia no ensino da Matemática deve explorar exclusivamente a informática na resolução de problemas.

[D] Podemos considerar como recursos pedagógicos de uso da tecnologia na educação o lápis e o jornal.

[5] Assinale (V) para verdadeiro e (F) para falso nas alternativas a seguir, referentes à metodologia da educação matemática nos anos iniciais do ensino fundamental:

[ ] Os conteúdos dos anos iniciais do ensino fundamental se dividem basicamente em três grupos: números; grandezas e medidas; espaço e forma.

[ ] Os alunos iniciarão o processo de construção de competências do ensino da Matemática a partir de operações, leitura e exercícios que possibilitem a fixação dos conteúdos trabalhados em sala de aula.

[ ] Os alunos começam a entender a Matemática como fonte de raciocínio para interpretação de problemas em situações reais.

[ ] Os alunos desenvolvem o aprendizado por meio do uso de recursos tecnológicos disponíveis na escola e ampliam os conhecimentos matemáticos.

[6] Assinale a alternativa **incorreta** em relação aos temas desenvolvidos neste capítulo:

[A] A etnomatemática se apropria das relações culturais das sociedades como princípio de aprendizado de saberes matemáticos.

[B] O educador, na educação infantil, não tem como função ensinar à criança a educação matemática, e, sim, auxiliar na construção de conceitos.

[C] A resolução de problemas na educação matemática se baseia na introdução apenas da lógica e das fórmulas nas problemáticas.

[D] O papel da informática na educação matemática depende do projeto político-pedagógico que a escola sustenta e do planejamento inovador da utilização das tecnologias no aprendizado.

ATIVIDADES DE APRENDIZAGEM

QUESTÕES PARA REFLEXÃO

[1] Como os recursos pedagógicos podem auxiliar a prática pedagógica? Reflita: quais seriam as vantagens e os cuidados na utilização dos recursos pedagógicos em sala de aula?

[2] Faça uma pesquisa em relação ao recurso pedagógico tecnológico digital *blog*. Selecione três *blogs* pedagógicos que você considera interessantes, faça uma reflexão em relação ao recurso tecnológico e suas possibilidades de aprendizagem e educativas.

ATIVIDADE APLICADA: PRÁTICA

[1] Divida a sala em pequenos grupos e cada um deles terá de construir duas problemáticas envolvendo cada uma das quatro operações. Os problemas deverão ser apresentados utilizando obrigatoriamente, para cada tipo

de operação, uma mídia diferente. A exposição será em sala de aula e obrigatoriamente deverá ser filmada, podendo ser utilizadas a informática, a televisão e o DVD para reproduzir a atividade executada. Cada grupo deverá apresentar a resolução dos problemas construídos pelas equipes e, depois, deverá ser realizado um debate com os educandos sobre todos os trabalhos desenvolvidos em sala e os pontos positivos e negativos da utilização das mídias na aplicação da atividade.

considerações finais...

Chegamos ao final do nosso diálogo metodológico, e muitas pontes foram construídas com base na linha crítica e na reflexão construtiva da aprendizagem da educação matemática na metodologia de ensino.

No primeiro capítulo, analisamos a atuação do docente em sala de aula, os fundamentos básicos de sua prática, tais como o projeto polítoco-pedagógico (PPP), o planejamento escolar, os planos de aula, e iniciamos a nossa visão de atuação prática com a história da matemática.

Como é importante iniciar qualquer conteúdo da educação matemática com base nos fundamentos históricos da ciência, abordamos as teorias de determinados matemáticos que influenciaram a vida da humanidade, os avanços que seus estudos proporcionaram para a ciência e para a vida da sociedade contemporânea.

No segundo capítulo, refletimos sobre as primeiras tendências profissionais para os futuros educadores da disciplina Matemática. As competências e as habilidades para os futuros docentes identificam quais seriam as necessidades constantes para a atuação do professor. O acesso a alguns fundamentos principais das Diretrizes Cucrriculares da disciplina de Matemática estabeleceu uma leitura crítica das possibilidades de ensino-aprendizagem. Além disso, retomamos os aspectos metodológicos através dos conhecimentos matemáticos. Dentro desse conexto, abordamos a aritmética centrada no sistema de numeração, suas relações com a história, bem como os cuidados metodológicos necessários para o desenvolvimento do aprendizado dos principais conteúdos. Finalmente, reforçamos a necessidade do planejamento das aulas.

No terceiro capítulo, demonstramos que a base do processo de ensino do professor atual é a criatividade no desenvolvimento dos conteúdos. As propostas metodológicas dos conhecimentos algébricos, geométricos e estatísticos desenvolvidos estabelecem práticas pedagógicas com atividades que trazem ao educando um aprendizado significativo, realizando trabalhos em grupos, com conceitos e atividades que proporcionam os princípios importantes da educação matemática, que são os da resolução de problemas, os da indução e os da lógica.

Finalizamos o nosso trabalho com a fundamentação dos aspectos importantes metodológicos das novas possibilidades educativas, que são o jogo, as brincadeiras, a modelagem matemática, a etnomatemática, a resolução de problemas, a história da matemática, já citada no capítulo inicial e, principalmente, no novo paradigma da sociedade contemporânea na educação, que é o desenvolvimento da tecnologia absorvida na escola por meio das TICs e da utilização das mídias.

A Matemática é uma disciplina desafiadora, exige dos educadores uma constante remodelagem de conceitos pedagógicos. A metodologia empregada na realização desta obra é proveniente de muitos experimentos. A garantia do sucesso da sua aplicabilidade requer muita análise e reflexão do professor, pois o processo de ensino-aprendizagem da educação matemática no ensino fundamental é amplo e, por que não dizer, complexo.

As conclusões que nortearam esse diálogo em quatro capítulos iniciaram com a importância de se conhecer o PPP da escola. Esse documento tem de ser discutido em todo o ano letivo e alterado conforme as necessidades e a verificação do perfil da comunidade escolar. Do que vale saber das diretrizes pedagógicas da escola, se não as interiorizamos e não aplicamos seus preceitos em sala de aula?

Quando, no ambiente escolar, sentamos para discutir os nossos planejamentos, temos de ter em mente que a escola vive em constantes mudanças e que o planejamento deve ser atual, moderno, de formar a introduzir as diversas possibilidades metodológicas a serem utilizadas, tais como as TICs, e não podemos nos esquecer do plano de aula, que deve ser um instrumento importantíssimo de organização e de preparação das aulas, pois ele pode apontar caminhos de erros e acertos metodológicos.

Os conhecimentos aritméticos, algébricos, geométricos, métricos, probabilísticos e estatísticos devem ser explorados de forma harmônica, sendo que o educando deve saber entrelaçar todas essas habilidades, claro, conforme seu ciclo de ensino. As estratégias de ensino devem estar contidas nessa harmonia de construção de conhecimento. A tentativa não é um conceito a ser aplicado apenas ao educando, mas, principalmente, ao professor. Temos de tentar construir, possibilitar, estimular o conhecimento, principalmente temos de pesquisar, estudar novos métodos de ensino e nos instrumentalizar de conhecimentos que proporcionem uma efetiva construção de um profissional da educação matemática.

glossário...

Ábaco: invenção dos chineses com o objetivo de facilitar cálculos, constituído por fios paralelos e contas ou arruelas deslizantes que, conforme a posição, representam a quantidade a ser calculada.

Aprendizagem-cognitiva: desenvolvimento do conhecimento, com base nas características de atenção, percepção, memória, raciocínio, juízo, imaginação, pensamento e linguagem.

Atividade com motricidade: conjunto de estratégias que visam desenvolver na criança o tato e a escrita utilizando a coordenação motora por meio da palma e dos dedos da mão.

Dualidade: a conexão de dois pensamentos, ideias.

Equipes multidisciplinares: ação coordenada por uma equipe de várias disciplinas.

Intrínsecas: atividade ou relações de pensamentos que estão interiorizadas no processo.

Insights: soluções, ideias repentinas para executar alguma atividade ou problemática.

Lúdico: refere-se ao jogo, à brincadeira e suas estruturas de saber e os resultados da estimulação proveniente da estratégia utilizada.

Mídias na educação: recurso pedagógico utilizado para auxiliar metodologias de ensino, tais como DVDs, internet, jornal, livro, rádio, revista, entre outros.

Parâmetros: necessidade de utilizar como padrão.

Práxis **do educando**: forma de se aproveitar a vivência do aluno, suas interações sociais e de cidadania.

Raciocínio lógico: conhecimentos relacionados ao conjunto de fatos em que se utiliza a coerência como solução.

Raciocínio dedutível: conhecimentos relacionados ao conjunto de fatos e argumentos em que se utilizam a dedução e a hipótese para a solução de um problema.

Raciocínio indutivo: conhecimento relacionado às estratégias que incitam, instigam o educando à busca pela solução de problemas.

referências...

ACZEL, A. D. O caderno secreto de Descartes: um mistério que envolve filosofia, história e ciências ocultas. Rio de Janeiro: J. Zahar, 2007.

BARBOSA, J. C. Modelagem matemática e os professores: a questão da formação. **Bolema**, Rio Claro, n. 15, p. 5-23, 2001.

BICUDO, M. A. V. **História da matemática**: questões historiográficas e políticas e reflexos na educação matemática. In: BICUDO, M. A. V. (Org.). Pesquisa em educação matemática: concepções e perspectivas. São Paulo: Unesp, 1999. p. 97-115.

BASSEDAS, E.; HUGUET, T.; SOLÉ, I. Aprender e ensinar na educação infantil. Porto Alegre: Artes Médicas Sul, 1999.

BELLONI, M. L. **O que é mídia-educação?** 2. ed. Campinas: Autores Associados, 2005.

BORIN, J. Jogos e resolução de problemas: uma estratégia para as aulas de matemática. São Paulo: IME/USP, 1996.

BRASIL. Ministério da Educação. Conselho Nacional de Educação. Câmara de Educação Superior. Parecer n. 1.302, de 6 de novembro de 2001. Relator: Francisco César de Sá Barreto. Diário Oficial da União, Brasília, DF, 5 dez. 2001. Disponível em: <http://portal.mec.gov.br/sesu/arquivos/pdf/130201mat.pdf>. Acesso em: 5 mar. 2010.

BRASIL. Ministério da Educação. Secretaria de Educação Básica. Pró-Letramento: Programa de Formação Continuada de Professores dos Anos/Séries Iniciais do Ensino Fundamental – Matemática. Brasília: MEC, 2007.

BRASIL. Ministério da Educação. Secretaria de Educação Fundamental. Parâmetros Curriculares Nacionais: Introdução aos Parâmetros Curriculares Nacionais. Brasília: MEC/SEF, 1997. 126p. Disponível em: <http://portal.mec.gov.br/seb/arquivos/pdf/livro01.pdf>. Acesso em: 19 jul. 2010.

BRITO, M. R. F. Psicologia da educação matemática: teoria e pesquisa. 2. ed. Florianópolis: Insular, 2005.

CARAÇA, B. de J. Conceitos fundamentais da matemática. Lisboa: Gradiva, 2005.

D'AMBROSIO, U. A interface entre história e matemática. Disponível em: <http://vello.sites.uol.com.br/interface.htm>. Acesso em: 20 abr. 2010.

_____. A interface entre história e matemática: uma visão histórico--pedagógica. Campinas: Papirus, 1996.

____. História da matemática no Brasil: uma visão panorâmica até 1950. Saber y Tiempo, Buenos Aires, v. 2, n. 8, p. 7-37, jul./dez. 1999. Disponível em: <http://www.ifba.edu.br/dca/Corpo_Docente/MAT/EJS/HISTORIA_DA_MATEMATICA_NO_BRASIL_ATE_1950.pdf>. Acesso em: 2 mar. 2010.

D'AMBROSIO, U. Sociedade, cultura, matemática e seu ensino. Educação e Pesquisa – Revista da Faculdade de Educação da Universidade de São Paulo, v. 31, n. 1, p. 99-120, jan./abr. 2005.

DANTE, L. R. Didática da resolução de problemas de matemática. São Paulo: Ática, 2005a.

____. Matemática: contexto e aplicações. São Paulo: Ática, 2005b. Livro do professor.

____. Matemática: volume único. São Paulo: Ática, 2005c Livro do professor.

DESCARTES, R. Meditações sobre filosofia primeira. São Paulo: Ed. da Unicamp, 2004.

DUARTE, E. F. Construção do conhecimento matemático: um desafio da escola contemporânea. Schole, Minas Gerais, n. 3, fev. 2003. Disponível em: <http://www2.funedi.edu.br/revista/revista-eletronica3/artigo3-3.htm>. Acesso em: 18 mar. 2010.

FOSSA, J. A. (Org.). O primeiro livro dos elementos de Euclides. Natal: Ed. da SBHMat, 2001. 85 p. (Série Textos de História da Matemática, v. 1.).

FREIRE, P. Pedagogia da autonomia. São Paulo: Paz e Terra, 1996.

KISHIMOTO, T. M. Jogo, brinquedo, brincadeira e a educação. 8. ed. São Paulo: Cortez, 2005.

LIBÂNEO, J. C. Didática. São Paulo: Cortez, 1994. (Coleção Magistério 2º Grau. Série Formação do Professor).

LINS, R. C.; GIMENEZ, J. Perspectivas em aritmética e álgebra para o século XXI. Campinas: Papirus, 1997.

MEDEIROS, C. F. Por uma educação matemática como intersubjetividade. In: BICUDO, M. A. V. Educação matemática. São Paulo: Cortez, 1987. p. 13-44.

MIGUEL, A.; MIORIM, M. A. História na educação matemática: propostas e desafios. Belo Horizonte: Autêntica, 2004.

MIORIM, M. A. A introdução à história da educação matemática. São Paulo: Atual, 1998.

MOTTA, C. D. V. B. O papel psicológico da história da matemática no processo de ensino-aprendizagem. In: SIMPÓSIO INTERNACIONAL DO ADOLESCENTE, 1., 2005, São Paulo. **Anais**... Disponível em: <http://www.proceedings.scielo.br/scielo.php?pid=MSC00000000082005000200056&script=sci_arttext>. Acesso em: 18 mar. 2010.

OLIVEIRA, G. de C. Psicomotricidade: educação e reeducação num enfoque psicopedagógico. Rio de Janeiro: Vozes, 1997.

PARANÁ. Secretaria de Estado da Educação. Diretrizes Curriculares de Matemática para a Educação Básica. Curitiba: Seed, 2006.

POLYA, G. A arte de resolver problemas. Rio de Janeiro: Interciência, 2006.

PRATA, C. L. Gestão escolar e as tecnologias. In: ALONSO et al. Formação de gestores escolares para utilização de tecnologias de informação e comunicação. Brasília: Seed, 2002.

RAMOS, M. N. Os contextos no ensino médio e os desafios na construção de conceitos: temas de médio. Rio de Janeiro: J. Zahar, 2004.

ROSA, J. et al. História da matemática no ensino da Matemática. Disponível em: <http://educacaomatematica.vilabol.uol.com.br/histmat/texto1.htm>. Acesso em: 18 mar. 2010.

SACRISTÁN, J. G. O currículo: uma reflexão sobre a prática. Porto Alegre: Artmed, 2000.

SILVA, I. História dos pesos e medidas. São Carlos: Edufscar, 2004.

SILVA, J. C. A história da matemática e o ensino da Matemática. Portugal: Universidade de Coimbra, 1995. Disponível em: <http://www.mat.uc.pt/~jaimecs/pessoal/histmatprogr1.html>. Acesso em: 18 mar. 2010.

SMOLE, K. C. S.; DINIZ, M. I.; CÂNDIDO, P. Brincadeiras infantis nas aulas de Matemática. Porto Alegre: Artes Médicas, 2000. (Coleção Matemática de 0 a 6 Anos).

STRUIK, D. J. História concisa das matemáticas. Lisboa: Gradiva, 1997.

UOL EDUCAÇÃO. História da matemática: cronologia das principais descobertas. Disponível em: <http://educacao.uol.com.br/matematica/historia-da-matematica-1-cronologia-das-principais-descobertas.jhtm>. Acesso em: 2 mar. 2010.

WODEWOTZKI, M. L. L.; JACOBINI, O. R. O ensino de estatística no contexto da educação matemática. In: BICUDO, M. A. V.; BORDA, M. C. (Org.). Educação matemática: pesquisa em movimento. São Paulo: Cortez, 2004. p. 232-249.

bibliografia comentada...

BIEMBENGUT, M. S.; HEIN, N. Modelagem matemática no ensino. 4. ed. São Paulo: Contexto, 2005.

Sabendo que a matemática contribui para todas as áreas do conhecimento, os autores expõem seus conceitos para uma metodologia muito adotada por educadores da Matemática, mas pouco estudada para aplicação e reflexão como conceito e método de aprendizagem na citada disciplina.

A modelagem matemática, segundo os autores, é um processo que envolve a obtenção de um modelo que tem como objetivo ampliar os conhecimentos do educando. Biembengut divide o procedimento da modelagem matemática em três etapas: a interação, a matematização e o modelo matemático. Trata-se de leitura indispensável para professores de todas as áreas do conhecimento, pois a modelagem matemática explora tanto a *práxis* do aluno como a relação entre outras áreas do conhecimento.

KISHIMOTO, T. M. Jogo, brinquedo, brincadeira e a educação. 8. ed. São Paulo: Cortez, 2005.

A obra indica a importância do jogo, do brinquedo e das brincadeiras no processo educativo, com enfoque na educação infantil. Traz a discussão de várias correntes pedagógicas sobre a importância do lúdico na formação do conhecimento da criança, a ação mediadora do educador em jogos e brincadeiras, correlaciona alguns aspectos importantes, tais como o jogo e o fracasso escolar, o brinquedo e o desenvolvimento simbólico e a função do tema como processo de inclusão para crianças com necessidades especiais.

LINS, R. C.; GIMENEZ, J. Perspectivas em aritmética e álgebra para o século XXI. Campinas: Papirus, 1997.

Os autores buscam refletir sobre as generalizações que se costuma fazer entre aritmética e álgebra, a aplicação nas duas áreas, as relações quantitativas e a produção de um significado conceitual amplo e definido em relação ao tema do livro.

A comparação da aritmética com a álgebra, os princípios de aplicação no currículo, as dificuldades de alguns conteúdos na aplicação metodológica e didática dão início ao processo de análise do livro e conflitam com a forma que os autores dão à álgebra, que, por meio de linguagem mais estruturada e diversas concepções, propõem uma nova leitura da álgebra com base nas perspectivas para o século XXI.

POLYA, G. **A arte de resolver problemas.** Rio de Janeiro: Interciência, 2006.

O livro é uma obra prática sobre como resolver problemas da matemática. O autor desenvolve o tema demonstrando vários exemplos de aplicação do conceito, aborda a solução de problemas como uma estratégia de ensino baseada na experimentação, em operações mentais e na generalidade de indagações.

A obra descreve uma experiência prática de como resolver problemas envolvendo habilidade matemática. O autor segue na obra o método composto por quatro fases: a compreensão do problema, o plano, a execução do plano e o retrospecto. Propõe, inclusive, a necessidade de questionar a resolução dos problemas. O livro é composto por vários exemplos aplicáveis em sala de aula, envolvendo todos os conhecimentos matemáticos, desde os aritméticos até os estatísticos.

O autor utiliza em todos os exemplos aplicados no livro os princípios citados e oferece ao leitor uma excelente estratégia no ensino da educação matemática.

SMOLE, K. C. S.; DINIZ, M. I.; CANDIDO, P. **Brincadeiras infantis nas aulas de Matemática.** Porto Alegre: Artes Médicas, 2000. (Coleção Matemática de 0 a 6 Anos).

O livro tem como proposta a utilização das brincadeiras infantis nas aulas de Matemática para crianças de 0 a 6 anos. A obra retrata a importância de se desenvolver atividades que explorem a investigação de diferentes situações-problema por parte do educando e amplia a visão dos jogos no processo de construção da aprendizagem.

Da amarelinha ao revezamento com bolas em colunas, o livro propõe diversas brincadeiras infantis como encaminhamento metodológico para o aprendizado da educação matemática, com o enfoque no fato de que a brincadeira é para a criança o que o trabalho é para o adulto. Lendo o livro, o educador tem a possibilidade de refletir sobre o trabalho com uma diversidade de conteúdos, utilizando como recurso as brincadeiras infantis.

apêndices...

PLANO DE AULA 1 – TRABALHANDO A HISTÓRIA DA MATEMÁTICA

Escola:			Disciplina: Matemática Data:__/__/__
Série: 8º ano do ensino fundamental			Professor:

Objetivos específicos	Conteúdos	Nº aulas	Desenvolvimento metodológico
Estudar a origem do plano cartesiano com base na biografia de René Descartes.	Plano cartesiano	03	**Preparação** Pesquisar em livros e *sites* de busca a biografia de René Descartes; catalogar endereços e livros. **Introdução do assunto** Fazer a seguinte indagação aos alunos: - Como indicar por meio de um mapa a localização de determinados endereços? - Quem foi René Descartes? - Qual foi sua contribuição para a matemática e para nossas vidas? - Qual foi a frase célebre utilizada por René Descartes? **Desenvolvimento e estudo ativo do assunto** Dividir os alunos em pequenos grupos e solicitar que eles construam uma forma de localização de uma determinada imagem e desenhar no quadro-negro uma imagem que represente a localização. Cada grupo terá um prazo para demonstrar esses registros. Depois de determinado tempo, o professor deverá apresentar todos os registros dos alunos e dialogar com eles sobre os resultados alcançados. **Sistematização e aplicação** O professor deverá apresentar a forma que Descartes utilizou para registrar as coordenadas de localização e comparar com os registros dos alunos. Apoiados no contexto histórico de Descartes, os alunos utilizarão os registros com base nas **coordenadas cartesianas** e farão alguns exercícios de registro de coordenadas. Os alunos farão uma pesquisa sobre a utilização dos pontos cartesianos na sua vida prática. Podem ser utilizados exemplos simples, como os mapas de lista telefônica.

Avaliação
1ª avaliação: os alunos construirão um painel com os principais pensamentos e fatos históricos da vida de René Descartes.
2ª avaliação: o professor deverá pesquisar algumas ferramentas (*softwares*) que demonstrem como é feito o registro das coordenadas cartesianas. Os alunos farão a representação análoga à imagem realizada no quadro-negro (uma das ferramentas Word®). Ex.: Geogebra (no Geogebra há um recurso específico para utilizar as coordenadas cartesianas; no programa, o professor deverá mediar a utilização dessa ferramenta).

Referencial teórico: livro didático da série; *sites* de pesquisas.

A sugestão refere-se à biografia de René Descartes; podemos adaptar o plano à biografia de qualquer outro matemático. A visão filosófica de Descartes é atrativa, mas pode ser substituída, por exemplo, pela de Tales de Mileto, que era um dos sábios gregos da história da humanidade. No caso da utilização de Mileto, os aspectos geométricos também serão realçados. Quanto à preparação de materiais para o trabalho, pode-se solicitar a pesquisa para os alunos, ou o professor poderá catalogar os *links* para a execução do trabalho.

Em todos os planos de aula apresentados, caberá ao educador decidir, conforme a clientela, quem trará os objetos solicitados para o desenvolvimento do plano de aula. No caso de objetos que podem quebrar ou conter algum risco de perigo, deve o educador se responsabilizar por trazer o material.

PLANO DE AULA 2 – AS QUATRO OPERAÇÕES

Escola:			Disciplina: Matemática Data:__/__/__
Série: 6º ano do ensino fundamental			Professor:
Objetivos	Conteúdos	Nº aulas	Desenvolvimento metodológico
Resolver problemas envolvendo as quatro operações básicas da aritmética, da potenciação e da radiciação. Propor a resolução dos problemas de diferentes formas, utilizando os recursos pedagógicos tradicionais e tecnológicos.	Números naturais (problemas envolvendo as operações)	03	**Preparação** Os alunos devem trazer livros, revistas, jornais, catálogos previamente selecionados que contenham dados que possam ser associados à matemática. **Desenvolvimento** Separar os alunos em pequenos grupos e atribuir a seguinte tarefa: cada grupo deverá construir dois problemas envolvendo cada uma das operações com números naturais (adição, subtração, multiplicação, divisão, potenciação, radiciação e raiz quadrada). Os alunos deverão utilizar para fonte de pesquisa e produção dos problemas livros, jornais, revistas e catálogos disponíveis. Cada grupo deverá construir os problemas utilizando imagens, figuras e recortes encontrados nos materiais disponíveis em sala em folhas de papel-cartão ou cartolinas, para que depois sejam expostos via quadro de exposição ou varal pedagógico. Caberá ao mediador verificar se os problemas estão dentro da proposta do trabalho, e como seria a solução deles.
Avaliação Os alunos deverão apresentar os problemas para o grande grupo sem a sua solução imediata e repassar a solução exclusivamente para o professor. Após cada grupo apresentar seu problema, o professor fará um sorteio dos problemas apresentados, e cada grupo deverá apresentar a solução para o que for sorteado. Nenhum grupo poderá receber no sorteio o seu próprio problema. O professor entregará para cada grupo um trabalho desenvolvido por outro grupo, e este deverá apresentar a solução das problemáticas.			

Uma outra opção para essa atividade, na falta da coleta dos materiais para preparação, é a construção simples de problemas sem a utilização dos materiais para manuseio. Pode-se explorar a visão crítica do aluno com temas variados e depois abrir um pequeno debate para apresentação dos problemas solicitados.

PLANO DE AULA 3 – FRAÇÕES

Escola:		Disciplina: Matemática Data:___/___/___	
Série: 6º ano do ensino fundamental		Professor:	
Objetivos	Conteúdos	Nº aulas	Desenvolvimento metodológico
Introduzir o conceito de frações por meio da representação e da comparação com diversas formas de apresentação das frações, utilizando material concreto.	Frações	02	**Preparação** Selecionar folhas de papel sulfite coloridas, régua de frações, pacotes de bala de goma, garrafas vazias de refrigerantes, vasilhas com medidores e filmadora. **Desenvolvimento** Dividir os alunos em pequenos grupos em que cada um receberá um item dos recursos disponíveis. O professor fará as devidas demonstrações para o grupo, fará ponderações e conclusões sobre como é feita a representação das frações por meio de determinados objetos, da seguinte forma: – Folha colorida de papel sulfite: será utilizada para realizar a chamada dobra de inteiros, representados por ½; ¼; 1/8, e assim por diante. Poderá ser construída uma figura geométrica que também possa simbolizar a dobra de inteiros. – Régua de frações: será utilizado o recurso metodológico com o intuito de representar a divisão e a demonstração será feita com as junções da régua e suas relações com o inteiro. – Pacotes de balas, garrafas vazias de refrigerantes e vasilhames com medidas: serão utilizados para demonstrar a relação de inteiro e suas partes; o refrigerante poderá ser utilizado para dar a visão espacial da divisão, em partes sem marcações. O professor filmará as oficinas e poderá utilizar futuramente como retomada de conteúdo todo o trabalho desenvolvido pelos alunos.
Avaliação Cada grupo deverá aprender a utilizar os recursos, e depois todos participarão de pequenas oficinas demonstrativas elaboradas pelas demais equipes sobre a representação das frações.			

As oficinas são importantes para o desenvolvimento e interação dos alunos; qualquer material que se possa medir algo pode ser referência para o trabalho. Já a noção de divisão é fundamental para o educando; pode-se até aprender a fracionar um objeto utilizando a noção de medidas com os dedos da mão.

PLANO DE AULA 4 – NÚMEROS INTEIROS

Escola:	Disciplina: Matemática Data:__/__/__
Série: 7º ano do ensino fundamental	Professor:

Objetivos	Conteúdos	Nº aulas	Desenvolvimento metodológico
Estabelecer relações existentes entre os números inteiros e sua utilização em diversas áreas do conhecimento. Explorar a interpretação da leitura dos números inteiros. Elaborar por meio das relações apresentadas a construção de um registro dos números inteiros.	Números Inteiros	04	**Preparação** Será utilizado o laboratório de informática para esta atividade. Selecionar com antecedência *sites* e páginas da *web* que apresentem o conceito de números inteiros, *sites* de busca em que serão localizadas imagens que representem os números inteiros, que focalizem principalmente os números negativos, tais como termômetro com temperaturas abaixo de zero, altitude, o calendário antes e depois de Cristo, gráficos que mostrem lucro e prejuízo das empresas, extrato bancário e a busca de imagens de números negativos. **Desenvolvimento** Com os alunos no laboratório de informática, deve-se selecionar um *site* de busca (dica: acessar <http://www.google.com.br>, clicar em imagens e digitar a informação de que necessita), o professor, em conjunto com os alunos, seleciona a imagem que seja mais interessante (seja ela de termômetro, extrato bancário, fuso horário etc) e fazem suas devidas articulações com os conteúdos e com as outras áreas. Após a visualização e discussão sobre a importância da leitura dos instrumentos e temas selecionados, deve-se construir com os alunos o conceito de números negativos e abrir as páginas selecionadas previamente que apresentam o conceito dos números inteiros.

Avaliação
Utilizando um programa do computador de planilhas, os alunos, em duplas, devem construir uma movimentação bancária, indicando as ações e o saldo a cada movimento ocorrido. Essa atividade pode ser deixada livre para a construção pelo aluno ou com uma lista de movimentação preparada pelo professor.

Na falta do laboratório de informática, os alunos poderão trazer jornais, revistas, livros e outros periódicos que registrem os números negativos. A atividade de construção de conceitos de números negativos pode ser feita tanto no laboratório quanto na utilização de mídias, como jornal, revistas e livros.

PLANO DE AULA 5 – NÚMEROS IRRACIONAIS

Escola:			Disciplina: Matemática Data:__/__/__
Série: 8º ano do ensino fundamental			Professor:
Objetivos	Conteúdos	Nº aulas	Desenvolvimento metodológico
Construir o significado dos números irracionais a partir do conceito do número irracional *pi*.	Números irracionais	02	**Preparação** Materiais: papel-cartão, calculadora, barbante, régua, trena, e diversos materiais circulares, como pratos de diversos tamanhos, tampas de panelas, pneus, moedas e outros materiais possíveis que sirvam para medir o comprimento de sua circunferência. **Desenvolvimento** No primeiro momento, o professor separa os alunos em pequenos grupos; o objetivo é que eles, de posse da calculadora, régua ou trena e barbante, façam a medida da circunferência e do diâmetro dos materiais previamente escolhidos. É importante os alunos disporem de vários tipos de materiais com diferentes medidas. Os alunos devem fazer o contorno dos materiais utilizados no papel-cartão, registrar as medidas das circunferências e dos diâmetros de cada material e colocar o resultado obtido com a calculadora da divisão da medida da circunferência pela medida do diâmetro. O resultado da operação com todos os números encontrados deve ser colocado em destaque próximo a cada figura. O professor deve fazer a conclusão de que o número encontrado é o chamado de *número pi*. O objetivo, entre outros, é verificar que os números encontrados não podem ser transformados em frações, que é o conceito principal dos números irracionais.
Avaliação Os grupos deverão apresentar os resultados encontrados e tentar construir um valor aproximado que defina como resultado o número *pi* com apenas duas casas decimais. As relações de aproximação serão um fator de importância na definição do número escolhido.			

Qualquer material circular poderá ser utilizado para essa atividade. Para medida, além do barbante, você também pode usar os dedos da mão para medir objetos circulares menores e os pés para objetos maiores.

PLANO DE AULA 6 – EQUAÇÕES E INEQUAÇÕES

Escola:		Disciplina: Matemática Data:__/__/__	
Série: 7º ano do ensino fundamental		Professor:	

Objetivos	Conteúdos	Nº aulas	Desenvolvimento metodológico
Reconhecer e resolver situações de problemas envolvendo equações do 1º grau e inequações utilizando o recurso didático da balança e do computador. Propor soluções da temática com base nas relações de igualdade e desigualdade utilizando questionamento, lógica, dedução e a interação cooperativa de grupos de trabalho.	Equações do 1º grau e inequações.	02	**Preparação** Folha de papel-cartão ou cartolina colorida, cubos pequenos ou objetos com a mesma forma. Será utilizado o laboratório de informática. **Desenvolvimento** Separar os alunos em pequenos grupos e atribuir a seguinte tarefa: - Primeiramente, cada equipe deverá construir uma balança baseada num modelo tradicional (aquela que possui dois braços e na base ou centro encontra-se a parte que quantifica as medidas. Os braços da balança estarão soltos para serem utilizados da forma que o educador solicitar). - Os grupos, com a balança na sua mesa, receberão os cubos ou objetos de formas e tamanhos iguais, que serão alocados em um dos braços da balança com um número positivo ou negativo; já no outro braço da balança será colocada uma figura com a imagem de um quadrado com um número positivo ou negativo. - Em um outro momento o professor entregará, já desenhadas, duas imagens de duas balanças em desequilíbrio, e outra em equilíbrio com representação algébrica nos dois lados da balança. O objetivo é que os alunos formulem a partir dos desenhos equações ou inequações. Os resultados esperados são a formulação de conceitos de equação do 1º grau e inequações, técnicas de resolução, desenvolvimento do raciocínio e cooperação em grupo. No computador, pode-se utilizar a mesma estratégia, só que os alunos construirão as balanças a partir de um programa de escrita (Word®) e outro de apresentação (Powerpoint®). No caso do trabalho no laboratório, os resultados serão expostos no programa de apresentação e impressos no caso do Word®. A durabilidade da aula passa a ser de 3. O educador mediará todo o processo orientando os alunos e estimulando-os a encontrarem a solução para as problemáticas apresentadas; já no laboratório auxiliará na produção dos trabalhos mediante as dificuldades de manuseio do recurso tecnológico. Deverá ocorrer debate sobre os resultados, e as construções de conceitos devem ser elaboradas pelos educandos e pelo educador.

Avaliação
Os alunos deverão resolver os problemas no grupo e apresentar a solução ao professor ou demonstrarão os resultados na apresentação no computador.

Na falta dos materiais necessários para a produção do plano de aula, pode-se utilizar simplesmente folhas de sulfite simples nas quais a representação será utilizada com desenhos; nesse caso, o professor tem de atentar quanto às proporcionalidades das figuras dispostas na balança.

PLANO DE AULA 7 – RAZÕES

Escola:			Disciplina: Matemática Data:___/___/___
Série: 7º ano do ensino fundamental			Professor:
Objetivos	Conteúdos	Nº aulas	Desenvolvimento metodológico
Desenvolver o aprendizado de razões matemáticas utilizando o recurso da construção de maquetes com o objetivo de explorar e interpretar o aprendizado das razões envolvendo escalas.	Razão e escala	02	**Preparação** Trazer folhas de isopor fina e média, cola colorida, tesoura (estilete para o professor), régua, lista telefônica e revistas, objetos para construção de paisagens, brinquedos pequenos de bonecos, casas, carros etc. **Desenvolvimento** Os alunos terão dois objetivos: reproduzir em forma reduzida, que é o objetivo da escala, a localização onde moram, por meio de mapas (lista telefônica), e as dimensões da sala de aula, seguindo a ordem apresentada. Os alunos irão coletar as dimensões da sala de aula e fazer um rascunho do *layout* da sala, tal como a disposição das carteiras, do quadro, da TV e de outros mobiliários dispostos na sala. Farão a localização do mapa onde residem. O educador fará a mediação do aprendizado da escala indagando como reproduzir tal situação e indicar quantas vezes esse material produzido é menor que o verdadeiro. O educador deve construir com a turma as devidas sugestões de como chegar a essa resultante. Com base na estratégia didática específica do conteúdo e as formulações do aluno, serão construídos os processos de como chegar ao resultado da problemática, e os alunos terão, com os dados das medidas já transformadas, como representar tanto seu endereço via mapa com os desenhos de casas e devidas simulações de paisagens, ruas, quanto a sala de aula com todo o seu *layout*. O professor deve correlacionar as produções geradas com outras áreas do conhecimento, especificamente nessa tarefa com a geografia e a arte.
Avaliação Será avaliada a criatividade dos alunos, bem como a representação correta da escala e participação nos embates das problemáticas utilizadas.			

Podemos substituir alguns materiais solicitados para a produção do plano de aula por materiais recicláveis (garrafas PET, caixas de diversos tamanhos e formas, plásticos, entre outros).

PLANO DE AULA 8 – FIGURAS PLANAS E ESPACIAIS

Escola:			Disciplina: Matemática Data:__/__/__
Série: 6º e 7º ano do ensino fundamental			Professor:
Objetivos	Conteúdos	Nº aulas	Desenvolvimento metodológico
Identificar por meio da planificação elementos das figuras planas e espaciais. Fazer observações descrever, medir, calcular áreas e perímetros de sólidos geométricos.	Figuras planas e espaciais.	02	**Preparação** O aluno deverá trazer diversos tipos de embalagens, como caixas de remédios, de leite, de aveia, cilíndricas. O professor deverá trazer moldes de sólidos geométricos, primas, pirâmides. **Desenvolvimento** O aluno deverá abrir os objetos que trouxe de casa e representá-los na forma plana, identificar cada figura planificada e fazer todas as medidas de suas dimensões. Com base nos dados, o educador deve solicitar aos alunos que construam os conceitos geométricos a partir do sólido. É esperado que o aluno desenvolva o cálculo da área lateral da figura, perímetro e volume do sólido. Serão utilizados, preferencialmente para essas atividades, cubos e paralelepípedos. A atividade seguinte será construir os sólidos distribuídos pelo educador (moldes), identificando os elementos da figura, tais como arestas, faces e vértices. Essa é uma atividade que pode ser utilizada de forma a introduzir conceitos ou complementar o desenvolvimento dos conteúdos; nesse último caso o aluno já teria base de todos os conceitos aplicados e poderia dialogar com o educador a respeito de alguns princípios e características visualizadas com essa atividade prática. Como resultado da atividade, o educador deverá estabelecer novas relações da disciplina, estimulando os educandos com os novos conceitos e definições, a desenvolver a curiosidade, a investigação e criar novas estratégias de avaliações proporcionadas pela prática.
Avaliação Os alunos deverão apresentar todos os resultados observados com as suas resultantes e terão como base de avaliação as investigações encontradas.			

Outra possibilidade de usar esse plano é a utilização de uma planilha de texto disponível no computador. Geralmente, nesse *software* estão disponibilizadas várias figuras em que também existe a ampliação da visão do educando no aprendizado das figuras planas e não planas e seus desdobramentos.

PLANO DE AULA 9 – RETAS

Escola:		Disciplina: Matemática Data:___/___/___	
Série: 6º ano do ensino fundamental		Professor:	
Objetivos	Conteúdos	Nº aulas	Desenvolvimento metodológico
Aplicar conceitos dos elementos principais da geometria, como as retas. Identificar os tipos de retas contidos na *práxis* do aluno. Estabelecer conexões dos conteúdos com a utilização da mídia tecnológica.	Retas paralelas, perpendiculares e concorrentes.	01	Preparação Laboratório de informática e acesso ao *site* Google Maps®. Desenvolvimento Com base no endereço dos alunos, eles deverão acessar o endereço virtual e fazer os seguintes percursos: - Clicar no botão *como chegar*; -Indicar no endereço A o da escola e no B, o seu; - Clicar novamente no botão *como chegar*; - Clicar no mapa em satélite (canto direito superior) e verificar a trajetória da escola até sua casa. - Identificar com base no mapa os conceitos das características das retas e das ruas, tais como paralelas, perpendiculares; conceituar as transversais. Os resultados esperados são, além de estimular o uso da ferramenta do mapa para localização, construindo conceitos, de espaço, distância ou trajetória, o desenvolvimento das habilidades de interação e exploração de ferramentas, que são utilizadas como estratégia da Matemática e disciplinas correlatas.
Avaliação Participação e correlação com os conceitos de retas com atividade executada.			

Há vários *sites* que disponibilizam as mesmas informações, alguns similares e outros com menos recursos, como o Guia de Ruas e o Terra Mapas, os quais listamos a seguir:

GUIA de ruas. Disponível em: <http://www.guiaderuas.com.br>. Acesso em: 21 jun. 2010.

TERRA mapas. Disponível em <http://mapas.terra.com.br/portal_terra/light>. Acesso em: 21 jun. 2010.

PLANO DE AULA 10 – UNIDADES DE COMPRIMENTO E CAPACIDADE

Escola:		Disciplina: Matemática Data:__/__/__	
Série: 6º ano do ensino fundamental		Professor:	
Objetivos	Conteúdos	Nº aulas	Desenvolvimento metodológico
Quantificar e estabelecer padrões de relações na unidade de comprimento e capacidade.	Unidades de capacidade e volumes de sólidos geométricos.	01	**Preparação** O professor deverá trazer um cubo de vidro com 1 decímetro cúbico; já os alunos deverão trazer garrafas de 1 litro de volume, jarras medidoras de mililitros e litros, caixas de madeira, de plásticos, panelas e cones. **Desenvolvimento** Separar os alunos em pequenos grupos e atribuir a seguinte tarefa: cada grupo deverá utilizar dois objetos trazidos e fazer as medições de suas dimensões. Deverão ser calculados os dados de volumes e, com posse das jarras medidoras, fazer as devidas comparações com os resultados encontrados e os esperados. A visualização da atividade será realizada utilizando água nos reservatórios disponíveis. Os resultados esperados com essa atividade práticas é que educandos desenvolvam conceitos de crítica, exploração, interação, as habilidades dos cálculos dos volumes, por meio de dedução e indução e aprimorar as transformações inerentes a metros cúbicos e centímetros cúbicos em litros e mililitros.
Avaliação Participação e solução dos problemas apresentados.			

É possível substituir a água por areia. Os materiais para verificação dos volumes podem ser quaisquer descartáveis, tais como caixas de leite vazias, caixas de papelão e similares.

PLANO DE AULA 11 – GRÁFICOS E TABELAS

Escola:		Disciplina: Matemática	Data:__/__/__
Série: 6º/ 7º/ 8º/ 9º ano do ensino fundamental			Professor:
Objetivos	Conteúdos	Nº aulas	Desenvolvimento metodológico
Construir os conceitos de interpretação de gráficos, tabelas e médias aritméticas a partir da produção desenvolvida pelo educando durante o ano letivo.	Gráficos, tabelas, média aritmética simples e porcentagens.	03	**Preparação** O professor deverá coletar junto à escola o penúltimo boletim anual de aproveitamento escolar dos alunos da turma. Utilização do laboratório de informática. **Desenvolvimento** Serão realizadas as seguintes etapas: O aluno deverá criar uma tabela com seu desempenho por disciplina; nessa tabela, serão alocados os dados de suas notas e faltas. Também serão dispostas ao lado de cada média das etapas as faltas de cada etapa. Na tabela, serão construídas duas colunas em que serão dispostas as informações de média provisória e a nota necessária para alcançar a aprovação do aluno. Os dados da tabela serão aplicados em um programa de planilhas do computador, no qual serão necessárias as mediações do educador quanto à construção dos conceitos para o desenvolvimento da atividade, e terá como resultante a construção de gráficos para cada disciplina. O objetivo dessa atividade é trabalhar com o aluno a visão crítica que se deve ter em relação ao seu aproveitamento escolar e em que momentos as dificuldades aparecem ou quando seu desenvolvimento passa a ser linear e de crescimento. O educador, ao fim da atividade, deverá fazer com que os educandos reflitam sobre seu desempenho e sobre os motivos da queda ou aumento de cada desempenho pessoal. Essa atividade envolve os conteúdos de estatística, e no final podem ser construídos conceitos básicos de probabilidade utilizando a amostra do aproveitamento dos alunos.
Avaliação Os alunos deverão, além de apresentar os resultados obtidos, fazer uma reflexão escrita sobre seu aproveitamento escolar.			

O professor pode optar em realizar essa atividade com base no desempenho do aluno do ano anterior, na própria disciplina de Matemática; nesse caso, pode-se verificar por meio dos gráficos a oscilação de desempenho dos alunos em geral, fazer apontamentos importantes e para o professor de conteúdos com maior e menor dificuldades de aprendizagem. As médias e as porcentagens podem seguir os mesmos detalhamentos do plano acima citado.

PLANO DE AULA 12 – GINCANA COM JOGOS E BRINCADEIRAS

Escola:			Disciplina: Matemática Data:__/__/__
Série: Todas as séries do ensino fundamental			Professor:
Objetivos	Conteúdos	Nº aulas	Desenvolvimento metodológico
Proporcionar aprendizagem da educação matemática por meio de jogos e brincadeiras e entendimento de operações envolvendo os conhecimentos aritméticos, métricos e geométricos.	Operações envolvendo a aritmética, as unidades de medidas e a geometria plana e espacial.	04	**Preparação** Filmadora, prancheta, apito, cronômetro. **Desenvolvimento** Esta atividade pode ser desenvolvida em qualquer ano, tanto do ensino infantil como do fundamental. A turma terá de realizar uma gincana com 30 atividades que envolvam na sua execução os conteúdos dos conhecimentos aritméticos, métricos e geométricos. A sala será dividida de dois a três grupos, cada grupo deverá formular, no caso de três grupos, 15 atividades recreativas envolvendo os conteúdos mencionados. As formulações das problemáticas (questões, atividades) serão realizadas em atividades extraclasses, em que o professor, após a entrega das atividades dos grupos, verificará sua aplicabilidade e descartará 5 das 15 atividades entregues (em turmas de ciclos iniciais essas questões devem ser diminuídas). É importante que as equipes construam suas atividades, pois, por meio delas, o educador poderá verificar o nível da criticidade dos educandos, bem como o conhecimento adquirido no aprendizado em sala de aula. Durante a gincana, o professor sorteia sempre as atividades a serem executadas, seguindo a alternância de uma gincana por equipe. Após o término da gincana, será feita uma reflexão em relação às atividades trabalhadas na dinâmica, e será montado um painel com o registro das atividades e fotos relativas à gincana realizada. Será feita uma filmagem de todas as atividades realizadas para que no término da gincana os alunos e a comunidade escolar assistam a um vídeo. A pontuação terá como base a criatividade das questões apresentadas e a execução correta das atividades.
Avaliação Participação dos alunos em todas as atividades e desenvolvimento das equipes na execução de cada atividade da gincana.			

As atividades desenvolvidas por meio de uma gincana são muito abrangentes. Todos os aspectos materiais disponíveis devem gerar outras atividades. O importante nessa aplicação é que seja utilizada com fins pedagógicos e estruturas de conhecimento matemático, tais como lógica e indução que utilizem saberes matemáticos.

PLANO DE AULA 13 – TRABALHANDO COM CONCEITOS DE ETNOMATEMÁTICA

Escola:			Disciplina: Matemática Data:__/__/__
Série: 3º e 4º anos do ensino fundamental			Professor:
Objetivos	Conteúdos	Nº aulas	Desenvolvimento metodológico
Explorar a cultura indígena e a influência das relações dos conhecimentos matemáticos no seu dia a dia.	Os conhecimentos aritméticos, métricos e geométricos.	03	**Preparação** Os alunos deverão fazer um levantamento bibliográfico da cultura das comunidades indígenas, trazer fotos da cultura dessas comunidades, artesanato, pesquisar a forma e o uso da matemática naquela cultura, e demais aspectos possíveis para incrementar a produção do trabalho. **Desenvolvimento** O educador deve coletar todas as informações trazidas pelos alunos, separar em pequenos grupos e solicitar que os alunos façam uma reflexão sobre o material encontrado. Com base nessa reflexão, cada pequeno grupo irá construir um painel com recortes e informações relativas à cultura indígena, destacando os aspectos em que são utilizados conceitos matemáticos. Todo esse levantamento será mediado pelo professor. É importante nesse trabalho o levantamento da riqueza do artesanato indígena, pois encontramos uma diversidade de formas nas peças construídas. Com base nessa coleta, o professor deverá estimular os alunos a tentar reproduzir essas formas de artesanato e, depois, analisar as formas e medidas conseguidas a partir dessa produção de conhecimento. Deve-se explorar, se possível, outras informações coletadas, inclusive os jogos e as brincadeiras daquela cultura em que os princípios do desenvolvimento da educação matemática são aplicados.
Avaliação Demonstração do trabalho extraclasse desenvolvido pelo grupo e construção de um painel com fotos dos trabalhos apresentados.			

Pode-se também trabalhar com aspectos da comunidade local. Um exemplo seria a origem do bairro onde se localiza a escola, seus aspectos históricos, como era a vida no início daquela comunidade, os saberes predominantes. Exemplos: moeda, formas das relações comerciais e a economia da época.

PLANO DE AULA 14 – TRABALHANDO COM A HISTÓRIA DA MATEMÁTICA

Escola:			Disciplina: Matemática Data:__/__/__
Série: 9º ano do ensino fundamental			Professor:
Objetivos	Conteúdos	Nº aulas	Desenvolvimento metodológico
Proporcionar por meio da resolução de problemas o aprendizado das relações métricas do triângulo retângulo. Explorar a história da matemática por meio dos conhecimentos pitagóricos e a contemporaneidade.	Teorema de Pitágoras; equações, radiciação.	02	**Preparação** Régua, calculadora, cartolina, lápis de cor. **Desenvolvimento** O professor apresenta o seguinte problema: Um triângulo retângulo apresenta as seguintes medidas: 6 cm, 8 cm e 10 cm. Representaremos o lado de 10 cm com a letra "a", o lado de 8 cm com a letra "b" e o lado de 6 cm com a letra "c". O aluno deverá construir uma fórmula que possa expressar a relação em qualquer triângulo retângulo que seja proporcional aos valores de "a", "b" e "c". Os alunos, separados em pequenos grupos, deverão formular um princípio que correlacione os valores apresentados na problemática com todo e qualquer triângulo retângulo. Cada grupo terá de registrar todas as anotações relativas às etapas em que se desenvolvem seus questionamentos. O educador deve apenas supervisionar os registros dos alunos, estimulando a análise de cada dado registrado, para que os eles percebam o caminho a seguir. Os resultados encontrados serão apresentados por cada grupo para a turma e, após todas as apresentações, caberá ao educador ressaltar a importância do trabalho, bem como comparar os resultados encontrados, fazer uma análise de todo o processo da atividade, e por meio da história de Pitágoras e do seu teorema, construir definições com base na relação dos trabalhos apresentados pelos alunos e o conceito pitagórico apreendido. **Resultados esperados** Entendimento das técnicas da resolução de problemas, participação dos alunos na construção do conhecimento matemático e aprimoramento das relações das habilidades de dedução, lógica, e construção do saber.
Avaliação Solução do problema apresentado e mostra dos devidos registros.			

Uma outra forma de se trabalhar com essa atividade é solicitar aos alunos que construam uma fórmula específica para encontrar os catetos do triângulo retângulo. Nesse caso, os materiais podem ser substituídos por folhas de isopor e tinta guache para identificação de catetos e hipotenusa. A finalidade dessa atividade é a construção dos conceitos aritméticos das fórmulas e geométricos da lógica do Teorema de Pitágoras.

PLANO DE AULA 15 – TRABALHANDO COM AS TICS

Escola:		Disciplina: Matemática Data:__/__/__	
Série: 4º e 5º anos do ensino fundamental		Professor:	
Objetivos	Conteúdos	Nº aulas:	Desenvolvimento metodológico
Construir um projeto na escola envolvendo mídias da educação e correlacionando com outras áreas do conhecimento.	Conhecimentos métricos e estatísticos.	08 à 10	**1. Contextualização** (contexto onde foi/está sendo/será/desenvolvido o projeto): (X) Sala de aula: 4ª e 5ª anos do ensino fundamental; disciplina(s) envolvidas: Matemática, Língua Portuguesa, História, Geografia e Ciências. **2. Público envolvido** (quem participa do projeto): (X) Diretor(a) (X) Equipe de ensino (X) Professores (X) Alunos (X) Comunidade **3. Integração de mídias** (o projeto envolve a integração de quais mídias) (x) TV e *pendrive* ( ) Rádio (X) Impressos (X) Informática (X) Máquina fotográfica **4. Período de realização do projeto**: anual **5. Problema**/questão a ser resolvida/investigada (conforme questão norteadora) Como despertar o conhecimento das diversas formas de linguagens fotográficas, análise, interpretação e senso crítico da intencionalidade fotográfica. Por exemplo: explorar a foto como notícia. **6. Abordagem pedagógica** O projeto visa construir diversas possibilidades de interpretação e leitura da linguagem fotográfica; espera-se com o projeto que se desenvolvam habilidades como oralidade, crítica, interpretação, criatividade, produção e trabalho em grupo. No desenvolvimento do projeto serão utilizadas as seguintes mídias: - Mídia impressa: utilização do jornal e livros disponíveis na biblioteca da escola. - Máquina fotográfica digital ou simples: gravação dos vídeos dos trabalhos apresentados em sala de aula, bem como a fotografia explorando contextos na escola. - Mídia informática e internet: criação de um *blog* divulgando o trabalho desenvolvido, bem como utilizando a informática para a apresentação dos vídeos trabalhados pelos alunos. **7. Procedimentos metodológicos** O professor trabalhará com o jornal, solicitando aos alunos, além da visualização das fotos encontradas no periódico, como livros, encartes e outros, uma seleção das fotos ou imagens mais relevantes, em que farão, além de um mural das fotos, um debate sobre a representação, a análise e, principalmente, o contexto que uma fotografia pode representar mesmo tendo ausência de um texto.

(CONTINUA)

(PLANO DE AULA 15 – CONTINUAÇÃO)

			O professor trabalhará com fotos representativas da própria realidade dos alunos, incluindo os ambientes escolares, utilizando fotos da família nas quais poderão ser explorados ambientes típicos de representação de contexto da fotografia, tais como festividades, viagens, entre outros, sendo que na escola as fotos tiradas terão a visão de captar as atividades realizadas na escola. Caberá ao professor utilizar a gravação de vídeos para explorar a apresentação dos alunos em sala de aula. A exploração dos conteúdos de matemática será na análise das dimensões das fotografias, suas medidas, construção de gráficos indicando a quantidade de fotos utilizadas em cada etapa do trabalho, e pode-se explorar notícias oriundas de promoções, mensagens que explorem contextos matemáticos, como compra e venda e demais situações-problema a serem exploradas conforme as mídias selecionadas. Serão feitos dois murais em sala de aula para aproveitamento na criação de uma hemeroteca no ambiente escolar: - Mural representando as fotos tiradas dos livros, do jornal e outros periódicos. - Mural representando as fotos tiradas pelos alunos. **Contextualização** Nessa fase estabelece-se uma conexão da interpretação e da análise representativas das fotos coletadas, em que os alunos pesquisarão na comunidade local e na escola. **Continuidade** Os alunos exercem o desejo natural de aprender e conhecer as técnicas de análise da fotografia em vários ambientes. É proposto um novo desafio, estreitamente relacionado com o tema, estimulando os mesmos a entrar em uma espiral de aprendizagem, na qual se valoriza a imagem, o contexto das fotos e a estratégia utilizada pelo educador. **Apoio** Verificação de possível visitação a um profissional da área de fotografia ou visitação do mesmo na própria escola, e/ou visitação a uma empresa do ramo de jornal.
			Cronograma: 1 semestre. Em cada uma das fases, busca-se desenvolver as competências nos alunos. Portanto, o processo de avaliação é contínuo e cumulativo, considerando as fases de desenvolvimento da atividade e o trabalho em equipe, definindo alterações de rumo, necessidades de aprofundamento, oferecendo, enfim, subsídios para o próprio projeto se concluir.

Avaliação
A avaliação dos alunos será contínua e cumulativa, sendo importante integrar os conteúdos curriculares e estimuladores da autonomia na aprendizagem que envolvam atividades realizadas individualmente e em grupo, e forneçam indicadores da aplicação no contexto escolar dos conhecimentos e habilidades desenvolvidas em situação de trabalhos reais.

Proporcionar por meio da atividade com a horta da escola a compreensão da utilização de grandezas, medidas, e a importância do trabalho.	Grandezas e medidas.	04	**Preparação** Materiais utilizados para medir o comprimento, tais como régua, fita métrica, bem como os trazidos pelos alunos, como barbantes, metros com o uso do papel-cartão. **Desenvolvimento** Os alunos, divididos em quatro grupos, terão de escolher um local dentro do espaço escolar para a construção de uma horta. O professor inicia a atividade com a construção coletiva com os alunos do conceito do que é uma horta, e principalmente o que seria uma alimentação saudável. Cada equipe fará uma pesquisa no laboratório de informática de quais seriam os alimentos que podem ser plantados na horta. O professor levantará as seguintes indagações, que deverão ser respondidas pelas equipes: - De que necessitamos para fazer a horta na escola? - Sabendo construir a horta, como faremos para plantar o que desejamos? É importante essa reflexão, pois os alunos verificam que nas atividades práticas também temos de pensar, formular hipóteses, usar a dedução, a lógica, que são também habilidades de raciocínio matemático. Os alunos, depois da escolha do local, farão a medida da área destinada à horta e dividirão por equipes os seus respectivos espaços para plantações. Durante a atividade serão trabalhados conceitos de - irrigação, de época de plantios, de período de crescimento da horta. As equipes deverão construir uma tabela demonstrando o crescimento da sua respectiva horta, e os cuidados diários para o efetivo crescimento da mesma, a limpeza e proteção do local para que se possa no final da atividade realizar a colheita. Os resultados esperados: - Os estudantes compreendam a importância da alimentação saudável. - Compreendem que a matemática está relacionada com todas as áreas do conhecimento e presente em todas as atividades humanas. - Que desenvolvam o senso crítico da utilização dos conhecimentos métricos. Todas as atividades deverão ser fotografadas pelo professor e registradas em um mural da sala de aula ou da escola.

Avaliação
Produção, participação e registro de todas as atividades solicitadas pelo professor.

Podem ser produzidos gráficos, tabelas de melhor época de plantio e de dados quantitativos da colheita. A estrutura utilizada como padrão metodológico dessa atividade se baseia na plantação de uma horta de plantio para todas as épocas do ano, sendo necessário para o educador verificar qual será a horta produzida.

respostas...

CAPÍTULO 1

ATIVIDADES DE AUTOAVALIAÇÃO

[1] b.
[2] v, v, v, f.
[3] v, v, v, v.
[4] a.
[5] v, v, f, v.
[6] a, b, c.
[7] v, f, v, v.

ATIVIDADES DE APRENDIZAGEM

QUESTÕES PARA REFLEXÃO

[1] A atividade poderá ser realizada por meio de uma pesquisa simples em *sites* de busca verificando o nome do matemático, sua visão filosófica e suas descobertas. O objetivo é relacionar os avanços da sociedade e a produção do conhecimento gerado.

[2] A atividade deverá levar o educando a fazer uma análise do jogo e a compreender alguns princípios básicos que a descoberta de René Descartes proporcionou para o ensino da educação matemática. Há muitos relatos sobre o movimento de uma mosca no quarto do matemático que o levou a criar a representação cartesiana.

ATIVIDADE APLICADA: PRÁTICA

[1] O objetivo da atividade é simular a aplicação de um encaminhamento metodológico utilizando a história da matemática, ou seja, teoria e prática.

CAPÍTULO 2

ATIVIDADES DE AUTOAVALIAÇÃO

[1] v, v, v, v.
[2] b, d.
[3] v, f, v, v.
[4] v, f, v, v.
[5] d.
[6] v, f, v, v.
[7] v, v, f, f.

ATIVIDADES DE APRENDIZAGEM

QUESTÕES PARA REFLEXÃO

[1] A atividade tem como objetivo estimular a oralidade como forma de construção do saber; o desenvolvimento da atividade auxiliará o educador na percepção de

dificuldades e potencialidades dos educandos, quando utilizadas formas não convencionais de aprendizagem.

[2] A atividade possibilita ao educando relacionar a matemática com outras áreas do conhecimento. Uma pesquisa qualitativa poderá estimular o educando e o educador a construir diversos conceitos da matemática.

ATIVIDADE APLICADA: PRÁTICA

[1] O objetivo desta atividade é propiciar o desenvolvimento de encaminhamento metodológico com enfoque na utilização de mídias.

CAPÍTULO 3

ATIVIDADES PARA AUTOAVALIAÇÃO

[1] v, v, v, v.
[2] c.
[3] v, v, v, v.
[4] v, v, v, f.
[5] d.

ATIVIDADES DE APRENDIZAGEM

QUESTÕES PARA REFLEXÃO

[1] A atividade tem como objetivo propiciar ao educando a reflexão sobre a importância da realização de pesquisas e sua influência na sociedade atual.

[2] A atividade tem como objetivo incentivar o aluno a analisar e pesquisar diversas atividades de geometria disponibilizadas na *web* e verificar suas possibilidades de estimular o aprendizado.

ATIVIDADE APLICADA: PRÁTICA

[1] O objetivo da atividade é propiciar a relação da matemática com a vida. A modelagem matemática é uma metodologia estimulante que possibilita diversas habilidades para os educandos, principalmente na utilização de gráficos e tabelas.

CAPÍTULO 4

ATIVIDADES DE AUTOAVALIAÇÃO

[1] v, v, v, v.
[2] b, c, d.
[3] v, v, f, v.
[4] c.
[5] v, v, v, v.
[6] c.

ATIVIDADES DE APRENDIZAGEM

QUESTÕES PARA REFLEXÃO

[1] A atividade tem como objetivo levar o aluno a refletir sobre os recursos pedagógicos, bem como sobre a forma correta da utilização destes no ambiente escolar.

[2] A atividade tem como objetivo estimular o educando a analisar a utilização do recurso tecnológico digital *blog* e suas possibilidades no processo de aprendizagem.

ATIVIDADE APLICADA: PRÁTICA

[1] O objetivo da atividade é propiciar a construção de uma produção pedagógica da educação matemática em interação com as mídias tecnológicas, e promover a reflexão sobre a aplicabilidade correta dessa metodologia do ensino.

sobre o autor...

Maurício de Oliveira Munhoz, casado, pai de três filhos, nasceu em 1970, em Curitiba (PR), cidade onde reside. É bacharel em Administração (1994) e em Matemática (1999) pela Fundação de Estudos Sociais do Paraná – Fesp. É pós-graduado em Educação de Jovens e Adultos pelas Faculdades Integradas Curitiba – FIC (2004), e pós-graduando em Mídias Integradas na Educação pela Universidade Federal do Paraná – UFPR. Concluiu os cursos de extensão em Educação a Distância – EaD, nas áreas de Planejamento e Produção de Material Didático para EaD, Aperfeiçoamento para Capacitação de Tutores, Tv na Escola e os Desafios de Hoje, Mídias na Educação – módulos básico e intermediário.

É professor de Matemática desde 1995 pela rede estadual de educação do Paraná para o ensino fundamental e o ensino médio, bem como na modalidade de educação de jovens e adultos – EJA. Foi professor na rede estadual de ensino no curso de Técnico em Administração e Contabilidade, em que lecionou as disciplinas de Contabilidade Geral, Custos, *Marketing* e Administração Financeira. Possui um blog pedagógico, cujo endereço é: <http://www.mauriciomunhoz.blogspot.com>.

Os papéis utilizados neste livro, certificados por instituições ambientais competentes, são recicláveis, provenientes de fontes renováveis e, portanto, um meio **responsável** e natural de informação e conhecimento.

FSC
www.fsc.org
MISTO
Papel | Apoiando
o manejo florestal
responsável
FSC® C103535

Impressão: Reproset